智元微库
OPEN MIND

成 长 也 是 一 种 美 好

想点 就点 开心一点

[新加坡] 蔡澜 著

人民邮电出版社

北京

图书在版编目（CIP）数据

想点就点，开心一点 /（新加坡）蔡澜著. — 北京：
人民邮电出版社，2024.3
ISBN 978-7-115-63089-6

Ⅰ. ①想… Ⅱ. ①蔡… Ⅲ. ①饮食—文化—世界—通
俗读物 Ⅳ. ①TS971.201-49

中国国家版本馆CIP数据核字（2023）第211359号

◆　　著　　[新加坡]蔡　澜
　　责任编辑　王铎霖
　　责任印制　周昇亮

◆　人民邮电出版社出版发行　　　　北京市丰台区成寿寺路 11 号
　　邮编　100164　　电子邮件　315@ptpress.com.cn
　　网址　https://www.ptpress.com.cn
　　天津千鹤文化传播有限公司印刷

◆　开本：880×1230　1/32
　　印张：8.75　　　　　　　　　　2024 年 3 月第 1 版
　　字数：150 千字　　　　　　　　2024 年 3 月天津第 1 次印刷

著作权合同登记号　图字：01-2023-2487 号

定价：69.80 元
读者服务热线：（010）67630125　　印装质量热线：（010）81055316
反盗版热线：（010）81055315
广告经营许可证：京东市监广登字 20170147 号

吃得好一点，睡得好一点，多玩玩，

不羡慕别人，不听管束，

多储蓄人生经验，死而无憾，

这就是最大的意义吧，一点也不复杂。

我们
为什么还要
读蔡澜

蔡澜先生 1941 年出生于新加坡，祖籍广东潮州。父亲蔡文玄去南洋谋生，常望乡，梦见北岸的柳树，故取笔名"柳北岸"；蔡澜生于祖国之南，父亲为其取名"蔡南"，为避家中长辈名讳，改为"蔡澜"。蔡澜先生戏称，自己名字谐音"菜篮"，因此一生热爱美食。

蔡澜先生拥有许多身份，他是电影监制、专栏作家、主持人、美食家；他交友众多，与金庸、黄霑、倪匡并称"香港四大才子"；他爱好广泛，喝酒品茶、养鸟种花、篆刻书法均有涉猎；他活得潇洒，过得有趣，曾组织旅行团去往世界各地旅行游历，不少人认为他也是难得的生活家。

春节前后，蔡澜先生开放微博评论回复网友提问，不少网友将日常纠结、内心困惑、生活难题和盘托出，等待蔡澜先生解惑。面对网友，蔡澜先生智慧而不说教，毒舌但不高傲，渊博而不卖弄；面对读者，他诉说旅行见闻，介绍美食经验，回顾江湖老友，分享人生乐事。隔着屏幕，透过纸页，蔡澜先生用诙谐有趣的语言和鞭辟入里的观点收获了很多年轻人的喜爱。

读他
通透，豁达，
活得潇洒

提到蔡澜，很多人会想到"香港四大才子"。金庸先生生前常与蔡澜先生同游，他这样评价这位朋友："我现在年纪大了，世事经历多了，各种各样的人物也见得多了，真的潇洒，还是硬扮漂亮，一见即知。我喜欢和蔡澜交友交往，不仅仅是由于他学识渊博、多才多艺、对我友谊深厚，更由于他一贯的潇洒自若。好像令狐冲、段誉、郭靖、乔峰，四个都是好人，然而我更喜欢和令狐冲大哥、段公子做朋友。"

金庸先生是蔡澜先生年少时的文学偶像，他们后来竟成了朋友。蔡澜先生总说："怎么可以把我和查先生并列？跟他相比，我只是个小混混。"四个人中，蔡澜先生年纪最小，因此他不得不一次次告别老友。书里写他与众多友人的欢聚时刻，多年后友人也渐渐远行。蔡澜先生喜爱李叔同的文字，这一路走来，似乎印证了"天之涯，地之角，知交半零落"这句歌词，但这似乎又不符合他的心境，因为当网友问到"四大才子剩你一人，你是害怕多一点还是孤独多一点"时，蔡澜先生回道："他们都不想我孤独或害怕的。"

蔡澜先生爱好广泛，见识广博，谈起美食，从食材选择到烹饪手法，再到哪里做得正宗，他如数家珍；谈起美酒，他对年份、产地、口感头头是道；谈起电影，他又有多年的从业经验，与一众名导、演员有过合作；谈起文学，他有家族的传承——父亲是作家、诗人，郁达夫、刘以鬯常来家中做客；至于茶道、书法、篆刻，他也别有一番研究。

蔡澜先生喜爱明末小品文，其写作风格也受到当时文人的影响，而妙就妙在，他继承了过去文人那种清雅、隽永的文风，他的文章形式上简洁精练，意蕴悠远绵长，但同时，他并未与"Z世代"有所区隔，他熟练使用社交网络，和年轻人交朋友，对新鲜事物充满热情。他不哀怨，不沉重，不说教，常以通透、豁达的形象示人，正如金庸先生所言："蔡澜是一个真正潇洒的人。率真潇洒而能以轻松活泼的心态对待人生，尤其是对人生中的失落或不愉快遭遇处之泰然，若无其事，他不但外表如此，而且是真正的不萦于怀，一笑置之。"

读他
坦率，仗义，
快意人生

蔡澜先生交游甚广，是很多人的好朋友。倪匡先生曾说："与他相知逾四十年，从未在任何场合听任何人说过他坏话的。"

究其原因，多半是他那份仗义和真诚让人信任。

年轻时，蔡澜先生的生活可算是"花团锦簇"。年少时的他交往了众多女朋友，连父亲都同老友说："这孩子年轻时女朋友很多。"到后来，他回顾年轻时的自己，也说"我并不喜欢年轻时的我"。

很多人常议论蔡澜先生年轻时的风流，也有不少人视其为"浪子"，称他是绝对的大男子主义，但他为女性仗义执言又颇让女士们受用。面对"剩女"这一性别歧视类话题，蔡澜先生就表示："剩女这个名字本身就是失败的。什么剩什么女呢，人家不会欣赏罢了。大家过得开开心心，几个女的一块，去玩呐，哪里有什么剩不剩。剩女很好，又不必照顾这个，又不必照顾那个。快点去玩！"这样的言辞让人忍俊不禁，直呼他是大家的"嘴替"。

不仅如此，他还呼吁女性把钱花在增长学识上，鼓励女性多读书、多旅行，拥有自己把日子过好的能力。

蔡澜先生极度坦诚，他从不掩非饰过，也不屑弄虚作假。因"食家"的身份被众人所知后，他不接受商家请客，坚持自己付账，就为了能客观评价餐厅。有餐厅老板找他合影，他不好拒绝，但担心商家用合影招揽食客，于是约定，板着脸合影，表达也许这家餐厅味道不怎么样。

读他
一段过往，
笑对自己的人生

蔡澜先生的人生经历可谓精彩。他生于第二次世界大战期间，青年时期留学日本，在电影行业工作几十年，见证了草创时的筚路蓝缕，也见证了黄金时期的繁荣景象。书里有他的童年回忆和故人旧事，有他拍电影时的所见所感，有他悠游天地间的见闻，有他追忆老友的感人片段。蔡澜先生如今已 80 多岁，但这套书里充满了当代年轻人所喜爱的要素。探店？蔡澜先生寻味的足迹遍布世界各地，吃过的餐厅数量绝对可观。城市漫步（Citywalk）？蔡澜先生可是组过旅行团的，金庸先生就是他的团友。吃播测评？蔡澜先生参加过诸多美食节目，也常发文品鉴美食。生活美学？蔡澜先生就是一个能把艺术、生活与哲理融合在一起的人，他对日常生活的独到见解，相信可以打动很多人。

他对很多事都展现出强烈的好奇心，因为什么都想试试看，才能慢慢变成懂得欣赏的人。这套书涵盖了蔡澜先生 80 载人生经历，囊括 40 年寻味的饮食经验，有他的志得意满和年轻气盛，也有他如童稚时的那般调皮与恶作剧。他的追溯，仿佛能唤起我们内心的情感共振，我们如此这般，似乎只是一个想念妈妈做饭味道的小朋友。

在 2023 年摔伤之前，蔡澜先生总是笑着出现在众人面前，他也常说"希望我的快乐染上你"。他并非没有愁肠，只是选择不把痛苦的一面展露出来。他说："我是一个把快乐带给别人的人，有什么感伤我都尽量把它锁在保险箱里，用一条大锁链把它锁起来，把它踢进海里去。"所以，在生活节奏加快，我们的人生不断遇到迷茫和挑战的今日，希望这套书能如蔡澜先生其人一般，给大家带来快乐，让更多人开心。

出 版 说 明

    蔡澜先生中学时便开始写作投稿，40 岁前后开始系统性地撰写专栏，多年来撰写了多种类型的文章。因老父赴港在餐厅等位耗时颇久，蔡先生下决心"打入饮食界"，这些年他吃在四方，撰写了大量的文章，这些文章零散发表在各处，这次蔡先生挑选历年文章，重新修订，整理成系统、精彩的文集，奉献给读者。

    本次出版图书 2 套，共 8 本，从"饮食"和"人生"两个方面集萃蔡澜先生这几十年的饮食经验和人生经历。"饮食经验"一套分别介绍食材、烹饪方法、外国饮食文化及中华饮食文化；"人生经历"一套按时间划分，分别反映从他出生到 20 世纪 80 年代、20 世纪 90 年代、千禧年后第一个 10 年以及 2010 年至今的生活体悟。

    除蔡澜先生多年来撰写的各类旧文，这套书还与时俱进，收录了蔡澜先生近些年的新作，分享其在疫情期间居家自娱自乐的生活趣事。蔡澜先生出生于新加坡，现长居中国香港，其语言习惯和用词与规范的汉语不免存在差异，现作以下说明。

  1. 蔡澜先生文章中使用的方言表述，如"巴仙""难顶""好彩"等，我们仍保留其原状，只在首次出现时标注其通用语义；如意大利帕尔马火腿，粤语发音也叫"庞马火腿"，我们沿用其"庞马火腿"之名，也在首次出现时注明。一些食物有多种称谓，我们通常使用其被广泛使用的名称，如"梳乎厘"，我们统一写作"舒芙蕾"。

2. 文中使用的外文表述，包括但不限于英语、法语、日语等名
   称，我们尽量列出其中文译名，实在无法对应之处，我们在
   文中仍保留外文名。

3. 本书文章写作时间跨度极大，但所有文章均写于 2023 年之
   前，文中所提及的食材的安全性、卫生标准及合法性均视写
   作时的具体情况而定，本书不做追溯。关于各地旅行的见
   闻，代表蔡澜先生游览之时的具体情况，反映当时当地的状
   况，并非今日之实况。因经济发展、社会变迁而早已不适用
   于今日的内容，我们酌情做了删减。

4. 蔡澜先生年轻时留学日本，后来因工作及个人爱好前往世界
   各地旅行，文中提到的货币汇率，均代表写作文章时的汇
   率，我们不做换算。

　　作为一名食家，蔡澜先生对食材、美食、餐厅的看法均为他
这几十年亲自品评所得之体会，而非仰赖权威机构排名。正如蔡
澜先生评价食评人汉斯·里纳许所言："我对他的判断较为信任，
至少他说的不是团体意见，全属个人观点。可以不同意，但不能
说他不公平。而至于口味问题，全属个人喜恶。"我们秉持求同
存异之态度，向诸位读者展现蔡澜先生的心得，也欢迎读者与我
们一同探索美食的真味。

　　今天要比昨天高兴，明天又要比今天开心。这是蔡澜先生一
再告诉我们的。希望我们的几本书能像一个"开心菜篮"，让大
家从蔡澜先生的故事中采撷快乐，收获开心。

目录

bā jiǎo **八角**

八角的种荚呈星形，故洋名为 Star Anise。数起来，名副其实有八个角。

有些资料说八角就是大茴香，但它们绝对是两种植物，仅所含的茴香脑（Anethole）相同罢了。

收成起来倒是不易，八角要种 8 ~ 10 年以上才开始结果；树龄 20 ~ 30 年的时期是最旺盛的生产期。它一年开花两次，第一次在二三月，第二次在七八月。

五香粉的配搭因人而异，肉桂、豆蔻、胡椒、花椒、陈皮、甘草等，由其中选择四样，最主要的还是八角，不可缺少。

中国菜中，凡是看到菜名带一个"卤"字的，其中一定有八角这种东西，尤其是潮州闻名的卤鹅和卤鸭，就以八角为主要材料。卤水一边用一边加，不用丢弃，也不会变坏，盖八角拥有极强的防腐作用之故。

往煎炸食物用的油中，投入一两颗八角，与油一块炼，不只能增强食物的香味，也能延长油的储藏期。

外国人用大茴香用得很多，尤其法国人，对它有偏爱，喜欢用大茴香来泡酒，初泡时酒呈透明或褐色，一兑了水就变成奶白色。喝不惯的人说味道古怪到极点，爱上了就有瘾。这种酒在中东和希腊都流行，大概是从那里传到欧洲其他国家去的。当今中国和南洋一带生产的八角，提炼成油之后输出到外国，其食用和工业之用量不多，也许是外国人把八角油当成大茴香，让人造酒卖了。

新疆人炒羊肉时，下几颗八角是常事。它很硬，咬到后吐出来。秋天羊肉肥，红炆、清炖都下八角。有时炆牛腩也下。关于八角的用法，我到菜市场去问了很多小贩，都说只有做牛羊猪鸡鸭时才派上用场，与海鲜无缘。其实在河南吃烤鱼时，他们下了大量的孜然粉。如果烤鱼下五香粉，也是行得通的，问题是你喜不喜欢而已。

烹调蔬菜上也用八角，如果像花椒一样，爆香了油再炒，也能醒胃。

一个蔬菜和八角配合得好的例子，就是煮花生：买肥大的生花生粒，加盐煮之，抛一个八角进去，味道就复杂得多了。

bā zhuǎ yú　八爪鱼

不吃八爪鱼的地方，多是因不会烹调。

中国、日本、韩国和地中海诸国的人，都爱吃八爪鱼。

小时候看科幻小说，出现一只大八爪鱼把船拖沉，我就想着要是把它煮来吃，会是怎样一个味道？

中国香港地区的菜市场中偶尔见到游水的八爪鱼，很便宜，但当地人多不去碰。在我的印象中，八爪鱼咬起来像橡皮胶一样。

软硬在于怎么烹调：先用一个大锅，放进八爪鱼，撒大量的盐，用手揉之。这时它的吸盘会紧紧吸噬着你，不用怕，和它搏斗。

冲掉它的黏液，就可以另煮一锅滚水，将八爪鱼放进去煮 5 分钟，取出，在水龙头之下把那层紫红色的皮剥掉。

B

买一根萝卜，尖处切平，当成桩去舂八爪鱼，把它的肌肉组织破坏。再煮一锅滚水，放红豆去煮。这都是古人的经验，八爪鱼遇到红豆水，就会变软。

这时将八爪鱼取出，白切也好吃，切成薄片蘸酱油膏或加麻油和醋凉拌都可以，不然拿去和猪肉红烧，又软又香。

福建人特别喜欢吃白灼八爪鱼，他们把八爪鱼叫作章鱼，吃的多是小型的。爪灼得又软又脆，章鱼头又充满膏，蘸酸甜辣椒酱，特别好吃。

广东人则爱把八爪鱼晒干，拿来与莲藕和排骨煲汤，煲出来的汤呈紫色；北方人大多不太喜欢，说颜色有点暧昧。

在韩国，把八爪鱼斩成八块就可以直接上桌，八爪鱼还在蠕动。生吃起来，八爪鱼吸在你的嘴壁和舌头上，爱吃的人不觉得恐怖。

日本的寿司铺中，偶尔也卖八爪鱼，是灼熟了将一颗颗的大吸盘摘下来，给你蘸着山葵和酱油吃的，也爽脆美味。

八爪鱼的嘴像鹦鹉的一样，连着唇有如一颗圆球，一下子就可以把整粒挖出来。将它去掉，剩下来的肉晒干了，是下酒的好菜。

意大利沿海的居民，无八爪鱼不欢，他们多数将之煮熟了切片，拌上橄榄油和香草，直接吃，也没什么特别的烹调方法，那是因为他们的八爪鱼品种好，怎么做也不会变硬。

bái cài 白菜

白菜，所有蔬菜中最普通的一种，中国老百姓喜欢，日本人做料理不能缺少，韩国人不可一日无此君。

汉字名称分为大白菜、小白菜、津菜、黄芽白等，但英文名称却统一为中国包心菜（Chinese Cabbage），洋人是永远分不清楚的。

白菜的种类也数之不清，有茎幼叶大者、全身是茎者，有圆形、炮弹形、长形等，大起来相当厉害，记录中有数十千克一棵的。

白菜一年四季皆生，叶分开后露出黄色的小花，但多数是包心，不开花。

叶呈绿色，也有黄色，有些全白。世人都认为白菜原产地是中国，但西方也长白菜。植物学家研究发现，白菜是由其他蔬菜变种而来的。

白菜含有丰富的维生素 C，并包含钙、铁等，营养上不比包心菜或椰菜差。

虽是最平凡的蔬菜，但做法千变万化。中国人自古以来吃白菜，几乎所有的烹调法都适用。

白菜生产起来，数量惊人。吃不完，最基本的做法就是拿去泡了。由原始的盐水泡白菜开始，到揉上芥末为止，中国泡菜离不开白菜。

日本人也一样，加盐，加一颗辣椒，就那么泡了，泡一夜就可以吃，称之为"一夜渍"。

韩国人泡的就比较考验功夫，他们把盐、辣椒粉、鱼内脏、虾毛、鱿鱼等夹在白菜瓣中，一瓣又一瓣地加进去，泡个一年半载，发了酵，带酸，每餐食之。又有可以泡上几年的老泡菜，味更浓，有点像中国的老菜脯。

吃火锅时，白菜也是最重要的食材之一，煮一煮味道就出来。煮久了，烂了，又有另一番滋味。日本火锅，不管是下鱼还是下肉，也一定放白菜。韩国火锅，用泡菜代替了白菜。

炒猪肉、牛肉、羊肉，皆可用白菜。有些人嫌茎太硬，炒过后在镬上上盖，炆它一炆，更入味。

山东人包饺子，也非白菜不行。当然，它并不比韭菜鲜，但是中国人就是爱那种淡淡的菜味，这是西方人不能理解的，也说明了为什么西餐中永远不以白菜入肴了。

bào yú　鲍鱼

最珍贵的鲍参翅肚，鲍鱼占了第一位，可见是海味中的天下第一吧。

干鲍以头计，1 斤 ① 多少个，就是多少头。两头干鲍，当今可以登上拍卖行，有钱也不一定找得到。

鲍鱼从小到大，有百种以上。它吃海藻，长得很慢，要四五年才成形。要长到七八英寸 ② 长，需数十年。

——————————————————————

① 1 斤等于 0.5 千克。——编者注

② 1 英寸约为 0.03 米。——编者注

壳中有三四个孔的，才称为鲍鱼；有七八个孔的小鲍，日本人称之为床伏（Tokobushi）或流子（Nagareko）；有九个孔的，中国台湾地区的人叫它九孔。

大师级煮干鲍，下蚝油。我一看就怕，鲍鱼本身已很鲜，还下蚝油干什么？依传统的做法，将干鲍浸个几天，洗扫干净。用一只老母鸡、一大块火腿和几只乳猪脚炆之，炆到汤干了，即上桌，没有炆好之后现场煮的道理。

过去，来自日本的干鲍质量最好。澳大利亚、南非都出鲍鱼，但不行就是不行。

别以为鲍鱼贵就能当礼品。日本人结婚时最忌送鲍鱼，因为它只有单边壳，有单恋的意思，不吉利；但可送一种叫熨斗鲍鱼的，是将它蒸熟后，像削苹果皮般团团片薄，再晒干，吃时浸水还原，当今已难见到。

新鲜的鲍鱼，生吃最好，但要靠切工，切得不好会很硬。最高级的寿司店只取顶上圆圆的那部分，取出鲍鱼肝，挤汁淋上。吃完之后剩下的胆汁，加烫热的清酒，再喝之，老饕①才懂。

韩国海女捞上鲍鱼后，用铁棒将其打成长条，叉上后在火上烤，再淋酱油，天下美味也。

大洋洲鲍鱼肉质较差，只可生吃；或片成薄片，放进一火炉上桌，灼之，亦有鲜味，但也全靠切工，机器切的就没味道。

最原始的吃法是将整个活生生的鲍鱼放在铁网上烧，烧时它还蠕

---

① 原指贪吃的人，也多指资深美食家。——编者注

动，非常残忍，此种吃法故称"残忍烧"。

吃鲍鱼，我最喜欢吃罐头的，又软又香；但非墨西哥的"车轮牌"鲍鱼不可，非洲或大洋洲的鲍鱼罐头一点也不好吃。买车轮牌也有点学问，要有罐头底的凸字，印有 PNZ 的才够大。

鲍鱼有条绿油油的肝，最滋阴补肾，我们不习惯吃，日本人当刺身[①]，吃整个鲍鱼如果没有了肝，就不付钱了。

bǐ mù yú   比目鱼

比目鱼为什么是"比目"？明明幼鱼的眼睛和普通鱼一样，是生于两侧对称的。

起初它长于水面上层，长大后沉入海底平卧，这时一侧的眼睛开始移动，是两眼间的软骨被身体吸收之故。

比目鱼又叫鲽鱼，有几百种，小型的叫鳎（Sole）；大起来可达三四英尺[②]、十多千克的，则叫作大菱鲆（Turbot）了，中国内地翻译为多宝鱼，但养殖的多数只是小型的比目鱼罢了，常在餐厅中看见，长方形的塑料玻璃盒中一尾叠一尾。

[①]　刺身，日文单词，指生鱼片。——编者注

[②]　1 英尺约为 0.3 米。——编者注

多宝鱼也叫牙鲆，能在黄海、渤海捕到，用的是海底拖网，就这样也捕得快要绝种。外国黑海和地中海的多宝鱼，捕到太小的放生，也不过量捕捉，又有休渔期，产量较为丰富，也常空运到中国香港的高级餐厅来。

厚身的多宝鱼，鱼鳍的部分，也就是广东人所谓的边，最好吃了。它是软骨和嫩肉之混合，煮熟了又有啫喱状的部分，非常可口。日本人吃鱼生也特别注重这部位，称之为缘侧（Engawa）。懂得点刺身的老饕，一见柜台的玻璃柜中有比目鱼，就向大师傅要 Engawa。大师傅知道这人懂得吃，会很尊敬他。

体积较小的比目鱼，日本人称之为 Kare，烹调时多数连骨头也炸酥了，可全尾吞下。

比目鱼到了广东，名称就多了，包括挞沙、龙脷、左口等。最珍贵的七日鲜，也是比目鱼的一种，当今几乎绝迹。

英国人最爱吃比目鱼了，其俗称为多佛鳎鱼（Dover Sole），因为多佛（Dover）这个地方比目鱼产量丰富，又靠近伦敦，故名之。

到了北美，比目鱼的名字就改为偏口鱼（Flounder）了，口可朝左或朝右[①]，名字依旧。

洋人吃比目鱼，多数是烤了，上桌时挤柠檬进食，其他吃法不多，而且他们认为比目鱼死后一两天时的味道更佳，这是东方人不能想象的事。

中国人喜好蒸鱼，以为洋人不懂，其实法国人也会把多宝鱼拿去蒸，但这门厨艺近乎失传，只在少数的法国餐厅才能找到。

---

① 比目鱼又叫偏口鱼，眼睛长在身体左侧的称为左口鱼，反之称为右口鱼。——编者注

B

菠菜，名副其实地由波斯传来，古语称之为"菠薐菜"。

许多年轻人对它的认识是由"大力水手"而来的，这个卡通人物吃一罐菠菜，马上变成大力士，所以在人们的印象中，菠菜对健康是有帮助的。事实也如此，菠菜含有大量铁。

当今一年四季皆有菠菜吃，是西洋种。西洋种的叶子圆大，东方种的叶子尖，后者有一股幽香和甜味，是前者没有的。

为什么东方菠菜比较好吃？原来它有季节性，通常在秋天播种，寒冬收成，天气愈冷，菜愈甜，道理就是那么简单。

菠菜会开黄绿色的小花，貌不惊人，不令人喜爱；花一枯，就长出种子来。西方的种子是圆的，可以用机械大量种植；东方的种子像迷你菱角，有两根尖刺，故要用手播种，显得更为珍贵。

还有一个特征，是东方菠菜被连根拔起时，可以看到根头呈现极为鲜艳的粉红色，像鹦鹉的嘴，非常漂亮。

利用这种颜色，连根上桌的菜肴不少。用火腿汁灼菠菜后，将粉红色部分集中摆在中间，让绿叶散开，成为一道又简单又美丽又好吃的菜。

西方菠菜则被当作碟上配菜，一块肉的旁边总配一些马铃薯作为黄色，煮热的大豆加西红柿汁作为赤色，用水一滚就上桌的菠菜作为绿色，搭配得好，但我怎么也不想去吃它。

至于大力水手吃的一罐罐菠菜罐头，在欧美的超级市场是难找的，欧美人通常把新鲜的菠菜当沙拉生吃。菠菜罐头只出现在寒冷的俄罗斯，有那么一罐，大家已当是天下美味。

印度人常把菠菜打得一塌糊涂，加上咖喱当斋菜吃。

日本人则把菠菜在清水中一灼，装入小钵，撒上一些木鱼丝，淋点酱油，直接吃起来；也有把一堆菠菜，用一张大的紫菜包起来，搓成条，再切成一块块寿司的吃法，通常是在葬礼中拿来献客的。

其实春冬之外的菠菜，并不好吃。它的味道个性不够强，较贫乏。对普通菠菜，最好的吃法是将其用鸡汤或火腿汤灼熟后，浇上一大汤匙猪油。有了猪油，任何口感不佳的蔬菜都能入口。

bō luó 菠萝

菠萝是广东人的叫法，闽南人称为凤梨。哥伦布将其从南美带回欧洲时，人们也不知叫什么名字，样子有点像松球（Pinecone），但又是果实；两者并取，叫作 Pineapple。

当今的空运和保鲜技术都很发达，菠萝不再是什么稀奇的水果。古时候的欧洲人觉得它最珍贵，是帝王级的人士才享受得到的，许多绘画和楼梯柱子，都以菠萝为题材。

菠萝传到中国，只在珠江三角洲和海南岛及福建一带生长。其实它也耐寒，但天气太冷果实带酸，又长不大，多作为观赏用。

尖刺般的叶像凤尾，故称凤梨，其实比梨大出许多，有长形的柚子般大，上有竖起尖叶的头。菠萝由很多小果实组成，仔细观察，会发现皮上有很多六角形的果刺。

头上的丛叶，熟了很容易拔掉。菠萝无核，以头叶种植，就可以长出果实来，很粗生^①。

菠萝一般都很酸，但质量优秀的菠萝非常甜，原产地应是巴西或巴拉圭，当今已在南洋诸国普遍种植，夏威夷产量更多，入罐头出售。

因为有种手榴弹的样子也像菠萝，所以东西方会叫炸弹为菠萝。

果实有粗糙的纤维，吃多了会被割破嘴。

因为菠萝由小果实组成，每颗果实上都有尖刺，洋人切菠萝，会完全除去很厚的一层；东方人手艺较巧，削成一道道的长坑，保留更多果肉，花纹又美。中间那条"心"较硬，品种好的菠萝心很脆，特别甜，是最好吃的部分。

菠萝生吃最普遍，做成罐头，口感就不一样了。菠萝也可以切成一圈圈，日晒后制成干果，欧洲人更爱将它制成果酱。

中国人将菠萝入馔，咕噜肉这道菜少不了菠萝，煮炒皆宜。泰国人则一面当作食材一面当作装饰，把菠萝肉炒饭后再塞入挖空的菠萝壳中焗之。印度人的咖喱中也用菠萝，著名的咖喱鱼头中一定用上。马来人做沙嗲，为迎合华人口味，把菠萝磨成细蓉，加在沙嗲酱中，才算正宗。

---

① 粗生，粤语，指植物对环境、条件要求不高，繁殖力强。——编者注

bò he　薄荷

薄荷，与紫苏同科，英文名为 Mint，法文名为 Menthe，是种最古老的香料，生吃、晒干吃皆宜。

希腊神话中有个叫蜜斯（Minthe）的小妖精，被她的情敌变成了植物。这样流传下来，少女出嫁也要戴着薄荷枝叶编织的叶冠。到了罗马帝国时代，学校里的学生也戴薄荷冠，说能保持头脑清醒，这个传统被当今的学者证实有效。

《本草纲目》也说它味辛、性凉，具有疏肝解郁的功能。

我们在日常生活中，已离不开薄荷了。年轻人喜欢嚼的口香糖，多数加了一种薄荷，叫作绿薄荷（Spearmint）。叶子能生吃的多数是胡椒薄荷（Peppermint）。

中国料理则很少用薄荷，连很懂得煲的广东人也不将薄荷列入食材。西洋人最爱薄荷，烘面包也加，炒鸡蛋也加，做果酱也加。尤其是羊肉，焗烘时涂大量薄荷蓉，上桌时在羊排旁边放咸的薄荷酱，或甜的薄荷啫喱①，无它不欢。

薄荷虽有亚洲之香的美名，但是不知是从亚洲传到欧洲，还是相反，至今还没有人研究出根源。中间的中东诸国照样爱好，薄荷茶是他们生活中重要的一部分。

薄荷种植起来甚易，它适应力强，冷热温度下都能生长，花园或盆

---

① 粤语中啫喱也指果冻。——编者注

栽的种植毫无问题，不必施肥，愈种愈茂盛；会生尖形的紫色花串，有些叶片长有茸毛，但多数是光滑中带皱而已；与罗勒是亲戚，但味道完全不同。

薄荷能杀菌，所以古人做起香肠来，多数放薄荷的干叶进去，这么一来，不用防腐剂也能保存甚久。

即使不是医师或学者，人们也都知道薄荷能带来一阵凉气，用它来浸油，制成薄荷精，卖到现在，还在大行其道，但它那种独特的气味，喜欢了没话说，讨厌起来，一闻到就感到头痛，反而得病。

凡属香料，皆少吃为佳，否则会破坏胃口。

cài xīn　菜心

菜心，洋名 Chinese Flowering Cabbage，顶端开着花之故，但我总觉得它不属于卷心菜，是别树一帜的蔬菜，非常之清高。

西餐中从没出现过菜心，只有中国和东南亚一带的人吃罢了。我们去了欧美，最怀念的就是菜心。当今越南人移民，也种了起来，可在唐人街中购入，洋人的超级市场还是找不到的。

菜心清炒最妙，火候也最难控制得好，生一点的菜心还能接受，过老就软绵绵的。

炒菜心有一个秘诀：在铁镬中下油（当然最好是猪油），待油烧至生烟，加少许糖和盐，还有几滴绍兴酒进油中去，再把菜心倒入，兜它两三下，即成。如果先放菜心，再下佐料的话，就老了。

觉得加盐味太寡，可用鱼露代之，要在熄火之前洒下。爆油时忌用蚝油，任何新鲜的菜，用蚝油一炒，味被抢，对不起它。

蚝油只限于渌熟的菜心，即渌即起。看见渌好放在一边的面档，最好别光顾，那家面档的面也不会可口。

灼菜心时却要用渌过面的水，或加一点苏打粉，才会显得绿油油，否则变成枯黄的颜色，就打折扣了。

夏天的菜心不甜，又僵硬，最不好吃，所以南洋一带吃不到甜美的菜心。入冬，小棵的菜心最美味。当今在市场中买到的，多数来自北京。

很多人吃菜心时，要把花的部分摘掉，认为它含农药。这种观念是错误的，只要洗得干净就能吃。

在 City' Super[①] 等超级市场偶尔会见到日本产的带花的菜心，被包成一束束，去掉了梗，只留花和幼茎。它带有很强烈的苦涩味，也是这种苦涩味让人吃上瘾。

有时拿它在木鱼汤中灼一灼，有时拿它渍成泡菜。因它状美，日本人常拿去当插花的材料。

日本菜心很容易煮烂，吃方便面时，汤一滚，即放入；把面盖在菜心上，就可熄火了。这碗方便面，变成天下绝品。

chāng yú　**鲳鱼**

鲳鱼，捕捉后即死，不被粤人所喜。潮州人和福建人则当鲳鱼为矜贵之海鲜，宴客时才出鲳鱼。

正宗蒸法是将鲳鱼洗净，横刀一切，片开鱼背一边，用根竹枝撑起，做得像个船帆。上面铺咸菜、冬菇薄片和肥猪油丝。以上汤半蒸半煮，蒸至肥猪肉溶化，即成。

此时肉鲜美，鱼汁又能当汤喝，是令人百食不厌的高级菜。

上海人吃鲳鱼，多数用熏。所谓熏，也不是真正用烟焗之，而是把鲳鱼切成长块，油炸至褐色，再以糖醋五香粉浸之。

---

① City' Super 是中国香港知名百货公司。——编者注

广府人吃鲳鱼，清一色用煎，加点盐已很鲜美。煎得皮略焦，更是好吃。

论做鱼，还是潮州人的做法多一点，他们喜欢把鱼半煎煮，连常用的剥皮鱼一起煎。煎完之后，加中国芹菜、咸酸菜煮之。以鲳鱼代替，这道菜就变得高级了。

口感略次的鱼，如魔鬼鱼[①]或鲨鱼，却是斩件[②]后用咸酸菜煮的。咸酸菜不可切丝，要大块熬才入味。以鲳鱼代替，又不同了。

鲈鱼火锅也一流，在火锅中用芋头做底，加鲈鱼头去煮，汤滚成乳白色，送[③]猪油渣。用鲳鱼头代替鲈鱼头，是潮州阿谢[④]的吃法。

我家一到星期日，众人聚餐，常煮鲳鱼粥，独沽一味。

别小看这锅鲳鱼粥。先要买一尾大鲳鱼，以鱼翅和鱼尾短的鹰鲳为首选。

把鱼骨去了，斩件，放入一鱼袋。鲳鱼只剩下"哆哆是肉"的部分，才不会鲠喉。

等一大锅粥滚了，放入鱼袋，再滚，就可以把片薄的鲳鱼肉放进去，然后熄火。香喷喷的鲳鱼粥即成。

大锅粥的旁边摆着一个小碗，装的有：（1）鱼露；（2）胡椒粉；（3）南姜蓉；（4）芹菜粒；（5）芫荽碎；（6）爆香微焦的干葱头；

---

① 魔鬼鱼，学名蝠鲼。——编者注

② 斩件指切成小块。——编者注

③ 送指就着、搭配着。——编者注

④ 阿谢，少爷的意思。——编者注

C

（7）天津冬菜；（8）葱花；（9）细粒猪油渣和猪油。

要加什么配料，任君所喜，皆能把鲳鱼的鲜味引出，天下美味也。

cháng cōng　长葱

长葱，多生长在中国北部，南洋人叫作北葱。公元前就有种植的记载，正式的英文名字应该叫 Welsh Onion，和 Leek（韭葱）又有点不一样，后者的茎和叶，都比长葱硬得多。

长葱通常有一元硬币粗，四五英尺长，种在田中，只见绿色的叶子，白色的根部往土壤中伸去，日本人称之为"根深葱"（Nebuka Negi）。

它也和又细又长的青葱不同，所以北方人干脆称之为大葱。

山东人抓了一棵大葱，蘸了黑色的面酱，包着张饼，就大口地生吃，又辣又刺激，非常之豪爽，单看都过瘾。

当今菜市场中长葱有的是，一年四季都不缺，又肥又大，价钱卖得很便宜。

新鲜的长葱最好用来生吃，它不容易腐烂，长期放一些在冰箱里面，别的蔬菜吃完，就可以把长葱搬出来。煮一碗最普通的方便面，撒上长葱葱花，味道即丰富起来。

把长葱的叶部和根部切掉，再用刀尖在葱身上一削，开两层表皮，即可食之。也不必洗，长葱一浸水，辛味就减少了。

　　用来炒鸡蛋也很完美，主要是两种食材都易熟。看到油起烟，就可以把鸡蛋打进去，再加切好的长葱，下几滴鱼露，兜一兜，即能上桌。

　　表皮很皱、颜色已枯黄的长葱，就要用来煎了。将它切成手指般长，再片成两半，下油中煎至香味扑鼻。这时把虾仁放进镬中炒几下，就是一道很美味的菜。

　　最高境界，莫过于什么材料都不必配，将长葱切成丝，用油爆香后，捞出并放入已经煮好的面条里，下点盐或酱油，这是最基本的葱油拌面。重要的是用猪油，只有猪油才有资格和长葱作伴；用植物油的话，辜负了长葱。

　　在馆子里吃葱油饼，总是嫌葱不够，自己做好了。取一块很大的面皮，将长葱切碎，加点盐，加点味精，拌完当馅，大量放入，包成一个像鞋子般大的饼，再将皮煎至微焦，即熟。吃个过瘾。

chén pí　　陈皮

　　陈皮，广东语系地区之外的人，听到了还以为是一个人的名字。记得粤语片中也有一个叫陈皮的演员。

　　在菜市场中，卖蔬菜或水果的小贩，把应季的橘子剥皮，用铁线穿着，叠成一条条晒干。制作出的陈皮，翌年拿来卖，价钱比橘子好赚，橘子肉反而便宜卖了。在外国人眼中，这是个怪现象。

　　也只有我们会用这种食材。日本诸多香料之中，就不见陈皮，显出他们的饮食文化历史不够长久。

名副其实地愈陈愈好，但是保存得不佳，陈皮腐烂，就只能当垃圾了。

也不是每一个橙或橘的皮都能制造，一定要选够新鲜、够薄的橘子才行。品种不好的话，苦涩味就太重了。1两^①陈皮卖得仿佛比金子还贵，也是外国人觉得不可思议的事。

怎么判断？先要干身^②，一有点湿气，霉味就出现。色泽也不是愈黑愈好，要深深的褐，而且要褐得有些光泽。它非常轻，拿在手上有点像纸的感觉。再用鼻子一闻，传来一阵幽香，就是最高级的。

直接切的话橘皮会一下子爆裂，将皮略略浸水，10分钟左右，便可以取出来切成细丝，当然应该愈细愈好，有时药材店中也有破碎的陈皮出售，价钱只有完整的百分之一，倒也无妨，可以把它磨成粉末运用。

用陈皮烹调的菜肴有多种，有咸的也有甜的，凡是炆的食物，与陈皮配合得最佳。

最出名的菜莫过于陈皮鸭了，制作过程并不如一般人想的那么复杂。先买一只鸭，去掉皮。但也不能完全无油，把鸭腿的皮留着，不要剥个精光。水滚了把鸭子放入，盖住整只鸭的水分就是适当的分量，切记不用酱油，下盐可矣。这时放入陈皮，下多少随你的喜爱而定。以慢火炆之，至水分完全干掉为止，其他什么配料都不必加，就是一只完美的陈皮鸭了。

---

① 1两等于0.05千克。——编者注

② 干身指食物不带汤水。——编者注

至于甜品，最适宜煲绿豆，陈皮丝甚有咬头，口感不错。如果不用丝，撒上陈皮粉，也能充数。总之比完全不下陈皮的好吃出几百倍来。

chēng zi　**蛏子**

蛏子，长条形贝，各种类大小不一，最大的像古老的折叠剃刀，故洋人称之为剃刀贝（Razor Clam）。贝中有吸管露出，又像一把弹簧刀，亦称 Jackknife Clam。

蛏子两边的薄壳，随手可以剥开。取出肉，洗净后，去肠、尾可以生吃，前提是不受海水污染的影响。

蛏子通常被养在海边的沙泥底下，只露出头来，一伸手抓它即缩进去，有传闻说在上面撒盐，蛏子就会从洞里钻出来。

蛏子肉鲜美，中国人煮食前，会多养它一两天，把它浸在水中，放进生锈的刀或一块磨刀石，它自然会吐出沙来。

在欧美和亚洲的海底都可以抓到它，其分布甚广。中西老饕皆爱食之。日本人叫它马刀贝（Mategai），或简称 Mate。从北海道到九州岛皆生长，一直到朝鲜半岛，韩国人喜欢将它和泡菜一起熬成汤。

日本人的吃法多样，最简单的是只放在火上烧烤，也用来煮面豉汤。挖出蛏子肉来，用醋腌之，拌以青瓜，当作前菜。它在秋冬最为肥美，其他季节不食。

中国人做蛏子也有很多方法。广东人喜欢用大蒜、豆豉或面酱来炒，食时下点葱段。

福建沿海也多产蛏子，当地人有种独特的吃法，那就是用一个深底的瓷盅，把蛏子一颗颗地直插进去，插到满盅为止。这时，加点当归清炖，熬制出来的汤非常鲜美。

土笋冻是福建人的至爱，以沙虫为原料，煮后冷冻成啫喱膏状，连虫一起吃，口感爽脆，味道鲜美。但沙虫在别处难找，肉又不多，可用蛏子代替，将蛏子熬出浓汤。沙虫有黏液，自然结冻，用蛏子代替时则可下一些鱼胶粉。结成冻后，肉多、有咬头，也同样鲜甜，口感亦佳，可试试这种做法来医治乡愁。

西洋人煮蛏子，方法和煮青口一样，在镬中把牛油煎热，加大蒜和西洋芫荽碎爆一爆，放蛏子，淋白餐酒，加点盐，给锅上盖，整锅翻几下，即成。

意大利的蛏子汤叫作 Zuppa Di Cannolicchi，是当地名菜，不可不试。

chéng 橙

橙，已是不必多加解释的食材。它流行于天下，中西人士早餐饮用的橙汁，已是生活的一部分了。

橙当然有说不尽的好处和维生素，除了核，全身皆能吃，就连所开的白色橙花，也是做香水的重要成分。陈皮不但用来烧菜和调味，亦能当药。陈皮最重要的是那个"陈"字，愈老愈好，有些卖得比金子还贵，小贩每年都晒陈皮，甚至于不要橙肉，也要其皮。

据考究，橙原本应产于东南亚，后传入中国，更及欧美。当今热带沙漠也种起橙来，以色列的像血一般红的橙，就是一个例子。

很多人不能把橙和橘分辨出来，最简单的是：能用手剥开皮，取肉来吃的叫橘；橙的肉和皮连在一起，需要用刀剖开。

橙的种类极多，颜色和样子也各异，主要分酸和甜的。新奇士橙是移植到美国加利福尼亚州去的，较甜。泰国的绿颜色橙也极甜，但水分很容易挥发，变得像柚子。泰国的另一种又脏又丑的黄绿色橙，也很甜，反正是愈难看愈好。墨西哥种，也一样丑和甜。甜如蜜的橙，也有中国台湾的橙子。

制成甜品时，花样更多，从果酱、蛋糕到啫喱，再到冰激凌。西方人照样注重果皮，果酱中一定有果皮。杂果蛋糕中，糖渍的果皮，不能缺少。

凡是圆形，果皮又略为坚硬的，都能当成餐具。把肉挖出，橙皮就是一个很漂亮的小碗，中西菜式皆用。因为和蟹肉配合得极佳，有一道菜是将果肉挖去后，掺以蟹肉，塞进橙皮，再拿到焗炉中去焗一小时。只要下点盐，其他什么调味品都不加，又美丽又好吃。

同样做法，填入其他水果的雪糕或大菜糕，橙味由果皮中得到。

自古以来，已有人用橙来浸酒，有些加糖，有些只取其味，愈烈愈好喝。

橙的保存期很长，有些可达一两年。一般将橙采下后都喷上层蜡，蜡中有防腐剂，就算洗刷，也很难清除，建议食者避免接触。陈皮则不用担心，那层蜡早已被阳光晒掉了。

chún cài 莼菜

莼菜，俗称水葵。

莼菜属于睡莲科，是水生宿根草本植物。莼菜的叶片为椭圆形，深绿色，浮于水面，像迷你莲叶。

莼菜夏天开花，花小，呈暗红色。能吃的是它的嫩叶和幼茎，叶未张开，卷起来作针形，背后有胶状透明物质；食感滑溏溏的，本身并无味，要加其他配料才能入馔。

莼菜性喜温暖，水不清则长得枯黄。中国长江以南多野生，也有少量人工栽培。春夏可食用，到秋末寒冬时叶小而微苦，只能用来喂猪了。

《晋书·张翰传》记载："翰因见秋风起，乃思吴中菰菜、莼羹、鲈鱼脍。"后人称思乡之情为"莼鲈之思"，但莼羹并不代表最美的东西。

莼菜最适宜用鱼来煮，西湖中生大量莼菜，所以杭州菜中有一道鱼丸汤，下的就是莼菜；鱼丸和潮州的不同，不加粉，单纯把新鲜鱼肉刮下来，混入蛋白做出；质软，并不像潮州鱼丸那么弹牙，但吃鱼丸汤主要是要求莼菜的口感，滑溜溜的，给人留下深刻的印象。

莼菜除了中国人，还有日本人吃，但韩国人不懂，东南亚诸国的人更没机会接触。在西菜上，找遍食材辞典，也只有它的拉丁学名

Brasenia Schreberi 出现过。

日本人不用莼字，而用莼的发音。莼菜发音为 "Junsai"，由中国传去，记载在《古事记》和《万叶集》中，古名"奴那波"。当今莼菜也在秋田县培植，昔时多在京都琵琶湖中采取，故关西菜中的"吸物"①鱼汤中常有莼菜出现。当成醒酒菜时，日本人用糖醋渍之。

南货铺②里可以找到瓶装的莼菜，色泽没有刚采到的那么鲜艳，做起汤来，汤的诱惑性大减。

叶圣陶有篇散文提到莼菜，赞它的嫩绿颜色富有诗意，无味之味，才足以令人心醉。

有了这样的好食材，幻想力不必止于鱼羹。我认为它除了诗意，还有禅味，用来做斋菜是一流的。包饺子、做包子，以莼菜为馅，香菇、竹笋等调味，口感突出。

将莼菜发展为甜品，也有无限的创造空间；莼菜糕、莼菜啫喱、莼菜炖红枣等，任你想出新花样，生活才不枯燥。

---

① 吸物，日文单词，指日本料理中的汤。——编者注

② 南货铺，主营长江以南地区出产的食品和日用品。——编者注

C

醋是怎么做的？古人说酿酒不成变为醋，有点道理。米经过发酵，不加酒饼即成。

醋是开门七件事（柴米油盐酱醋茶）之一，中国人对它十分重视。尤其是吃大闸蟹的时候，简直是无醋不欢。饺子和干面，也以醋佐之。小笼包蒸出来，旁边一定有一碟姜丝和醋。

从最便宜的凉菜拌豆腐干丝，到最贵的鱼翅，都要靠它。

西洋人也爱醋，尤其是意大利人，他们的餐桌上一定摆着一瓶橄榄油和一瓶醋，将它们倒入碟中，蘸着面包吃，代替了牛油，非常健康。

他们吃的全部是黑醋，黑醋应该是最高级的，我们也重视黑色的醋，比如镇江醋，多过白醋。

日本人吃醋相对少，不过他们的怀石料理是把各种烹调法集中在一起，其中有一道"醋之物"，是把时令的海产浸在醋内。能挤进怀石料理里面，算重要的吃法。

韩国食物中，用醋烹调的极少，但韩国人也爱吃酸，像泡菜"金渍"就很酸，不过那是自然发酵出来的酸味，不求助于醋。

把醋发挥得最好的，应该是杭州菜的西湖醋鱼吧？此道菜美味又不肥腻，但也要看厨子的手艺，手艺差的做出来就有点腥味。

福州菜的醋爆腰花，也可以和西湖醋鱼匹敌。同样，师傅的火候不够，爆出来的腰花就有异味。至于广东菜，糖醋猪脚姜是代表作。

白醋的味道，个性太强，不宜用于煮炒；但用作蘸酱，则是吃潮州卤鹅少不了的蒜泥醋，愈酸、愈攻鼻^①愈好。

山西人把醋倒进瓶中，当酒来喝，是出名的。真正的好醋，喝之无妨，不太酸，有点像果汁。如果叫你喝品质差的醋，是种惩罚。

山西人还把醋凝成固体，称之为"醋饼"。外出时醋瘾一发，从醋饼上刮下粉末，掺水饮之。

广东人饮茶时，老茶楼会奉上一碟醋，那是白醋染红的，没有镇江醋好吃。有一次在"陆羽"饮茶，大家一面喝绿茶龙井，一面吃点心，后来看对方：咦，舌头为什么都变黑了？原来绿茶一碰到红醋，就会发生这种现象，下次去饮茶，不妨把绿茶倒入醋中泡泡。

① 攻鼻指气味冲鼻、呛鼻。——编者注

dà dòu　大豆

许多加有"番"或"洋"字头的食材，都是外国种，像番茄、番薯、洋葱及西洋菜①等。完完全全的中国品种，是大豆。

大豆的原型，就是常在日本料理中用来下啤酒的"枝豆"②。一个荚中有两三粒，碧绿的，晒干了就变成我们常见的大豆了。

茎根直，叶子菱形，茎间长出小枝，有很细的毛，到了初秋就开花，可真漂亮，有白色、紫色和淡红色的，花谢后便结成荚，可以收成了。

用大豆磨粉当食材并不多见，榨油是特色，磨成豆浆之后用途更广，豆腐、豆干、腐皮（腐竹）比比皆是。酱油以大豆为原料，日本的纳豆也是大豆的发酵品，味噌的面酱无大豆不成，许多斋菜都用大豆制成品当原料，可称为素肉也。

大豆有多种颜色，晒干了变黄就称为黄豆，呈黑便是黑豆了。

大豆的主要成分是蛋白质和脂肪，软磷脂有降胆固醇的作用，也含有维生素 B_1 和维生素 E。煮熟后产生很鲜甜的味道，所以我们常用大豆来熬汤。

客家人的酿豆腐，汤底一定用大量的大豆，熬出来的汤又香又甜，还没有喝进口已闻到浓厚的豆香，十分刺激食欲。汤喝进口，那股甜味无味

---

① 西洋菜一般指豆瓣菜。——编者注
② 即中国北方人常用来下酒的煮毛豆。——编者注

精可比。对味精敏感的人而言，大豆是良品。上桌时撒上葱花，更美味。

自己做豆浆其实并不复杂，把大豆浸过夜，放入搅拌机内打碎，用块干净的布隔住挤出浆来，加水煮熟后就可喝了。

一般在店里喝到的豆浆不香不浓，那是水兑得太多的缘故，我常向餐厅老板建议，为什么不多用一点豆、少兑一点水？反正原料便宜，要是做得好喝，做出名堂来，生意滔滔，何乐而不为？他们回答说煮一大锅豆浆时，要是不多兑些水，就会太浓，很容易煮焦。

事实如此，但也可以分开煮、细心煮呀！我们在家里做豆浆就有这个好处，可以放大量的大豆。做法是搅拌后挤出原汁原味的豆浆，当时不兑水，加鲜奶进去，效果更好。试试看，绝对好喝。

dà suàn　大蒜

大蒜，你喜欢或讨厌，没有中间路线。

蒜头是最便宜的食材之一，放它一两个月也不会坏；但不必储存进冰箱里，一见它发芽，就表示太老，不能吃了。

蒜头有层皮，除非指甲长，不然剥起来挺麻烦。最好的办法是在它的屁股处割一刀，就能轻易地把皮去掉。更简便的办法是用长方形的菜刀平拍，拍碎了，取出蒜蓉来。

蒜一炸油，那股香味便传来。蒜香是令人很难抗拒的，任何有腥味的食材都会被这股味道遮盖，再难吃的也变为佳肴，不过只适宜部分肉类或蔬菜。烹调鱼，蒜头派不上用场。虾蟹倒是和蒜配合得很好。

生吃最佳，中国台湾地区街边卖的香肠，一定要配生蒜才好吃。一口香肠一口蒜，两种食物互相冲撞，刺激得很。

讨厌的是，吃完口气很大，臭到不得了。那是不吃的人才闻得到，自己绝对不会察觉。这股味道会留在胃里，由皮肤发出，不只口臭，是整个人臭。

如何去除蒜臭呢？有的人说喝牛奶，有的人说嚼茶叶；但是相信我，我都试过，一点效用也没有。

吃蒜头唯有迫使和你一起的人也一同吃，这是唯一的方法。不然，找个韩国男朋友或女朋友也行，大蒜是他们民族生活的一部分。韩国人不可一日无此君。

其实中国北方人多数都喜欢大蒜，韩国人的生活习惯大概是从山东那边传过去的。

日本人最怕大蒜味，但是他们做的锅贴中也含大量蒜头，看不到蒜形，骗自己不喜欢吃罢了。

当今菜市场中也常见不分瓣的一整粒蒜，叫作独子蒜，味道并不比普通蒜头好。最辣的是泰国种的小蒜头。

蒜头的烹调法数之不尽。切成薄片后炸至金黄，下点盐，像吃薯仔片般吃也美味。

整瓣炸香，和苋菜一起用上汤浸也行。南洋的肉骨茶离不开大蒜，一整颗不剥皮、不切开，直接放进汤里煮，煮至烂熟。捞起来，用嘴一吸，满口蒜味，过瘾到极点。

dàn 蛋

人类最初接触到的植物以外的食材，也许是蛋吧？怕恐龙把自己也吃掉，只能偷它们的蛋（只是开个玩笑）；追不到鸟类，也只能抢它们的蛋。

蛋是天下人共同的食物，最普通，也最难烧得好。

有次在西班牙拍戏时，大家展示厨艺，成龙说他父母都是高手，本人也不赖。我请他煎一个蛋看看。油未热，成龙就打蛋进去煎，当然蛋白很硬，不好吃，他即刻露出马脚。

喜欢做菜的人，应该从认识食材开始，我们今天要谈的就是这样一颗最平凡的蛋。

鸡蛋蛋壳有棕色或白色两种，别以为前者一定比后者好吃，其实一样，鸡的品种不同罢了。至于是农场蛋还是放养蛋，则由蛋壳的厚薄来区分。鸡农为了大量生产鸡蛋，每隔数小时就开灯、闭灯来骗鸡白昼和黑夜更替，让它们多生几个，蛋壳就薄了，蛋也小了。

怎么分辨是农场蛋还是放养蛋呢？从外形不容易认出，但有一条黄金规律：贵的蛋、大的蛋就是放养蛋。

一般情况下，人们以为买了鸡蛋放进冰箱，就可以保存很久，这是错的。外壳一旦潮湿，细菌便容易侵入，所以鸡蛋应该储存于室温中。从购入那天算起，超过10日，便可能变质。

鸡蛋的烹调法千变万化，需要一本单独的食典才能一一说明。至于什么是一颗完美的蛋，这要靠你自己掌握，每个人的口味都是不同的。

先由煎蛋说起。油一定要热，热得微微冒烟，才是放入鸡蛋的时候。

你爱吃蛋黄硬一点的，就煎得久一点，否则相反处理，就这么简单；但是别人替你煎的蛋，永远不是你最喜欢的蛋。

所以就算你有几位菲律宾家政助理，为了一个完美的蛋，你也得亲自下厨。记住厨艺不是什么高科技，失败三次，往往就能学会；再不行，说明你无药可救。

我本人只爱吃蛋白，不喜欢蛋黄。我年轻时想，如果娶一个老婆，她只吃蛋黄，那么就不会浪费了。岂知后来求到的，连蛋都不喜欢吃。天下很难有完美的事。

教你煮好菜

煎太阳蛋最简单了，先加油进镬并烧热，待白烟冒起，即下蛋，将火调至最小，温柔细心地煎，不要将蛋黄弄穿。喜欢吃熟一点的，便煎较长时间；喜欢吃生的，则半分钟即可使蛋离镬。吃时可放酱油、鱼露或盐，随个人喜好。一只煎蛋，是冬天夜里最简单的夜宵。

花得起时间，可以做蒸水蛋。先将江珧①柱用热水浸开，然后将蛋与水放在深底碟中拌匀，比例是水为蛋的一半。要将水蛋蒸得光滑，必须在拌好蛋浆后用茶匙慢慢地将上面的泡沫捞走。如

---

① 珧，蚌蛤的甲壳。扇贝、江珧、日月贝等闭壳肌的干制品统称"干贝"，书中也称"珧柱"。用江珧闭壳肌制成的称"江珧柱"。——编者注

果少了这一步骤，水蛋便满目疮痍，看了便倒胃口。将浸好的江珧柱加入处理好的蛋浆之中，加少许盐，便可放进镬中，用慢火蒸熟。一般家庭用的炉火，蒸 10 分钟便可以了。蒸水蛋上桌后加些许熟猪油、老抽和葱花，便是一道可以宴客的小菜。

喜欢吃甜的，可以将蛋放碗内打匀，然后加一汤匙糖再打一次；再倒入一盒屋形盒装牛奶，再次拌匀。不要贪一时之快将所有材料一次拌匀，否则做出来的成品会很粗糙。拌好后用汤匙拨走小泡，便可在碗上包上锡纸，用中火先蒸 5 分钟。打开盖排气，再上盖蒸 3 分钟。最后熄火，再焗 1 分钟，便做成一碗完美的鲜奶炖蛋；上面撒些用糖炒过的松子，更是豪华。

dēng long jiāo　灯笼椒

灯笼椒，英文名叫 Sweet Pepper，法文名叫 Poivron，意大利文名叫 Peperone，日本人则叫它 Piman，是拉丁名 Pigmentum 的缩写。

它已是我们日常的蔬菜之一，中餐以它为食材，屡见不鲜。我们一直以为灯笼椒虽然名字带个椒字，但并不辣；可是我在匈牙利菜市场买了几个来炒，可真的辣死人。像迷你灯笼椒（Habanero），是全球最辣的辣椒之一。

一般的灯笼椒如苹果般大，颜色有绿色、黄色、红色、紫色或白

D

色，像蜡做的，非常漂亮。

在澳大利亚墨尔本的维多利亚菜市场买到一个，小贩叫我直接吃。我半信半疑，咬了一口，味道甜入心，可当成水果。

经典粤菜的酿青椒，用的是长形的灯笼椒，有些有点辣，有些一点也不辣。辣椒的辣度是不能用仪器来衡量的，只能比较。以 0 ~ 10 度来计算，我们认为很辣的泰国指天椒，辣度是 6 而已；上面提到的迷你灯笼椒，辣度是 10；而做酿青椒的，辣度是 0。

我们通常是把灯笼椒当成一种配菜炒来吃，像炒咕噜肉或炒鲜鱿等，用的分量很少，其实也不宜多吃。在中国香港地区买到的灯笼椒有一种异味，吃时不注意，但留在胃中消化后打起嗝来，就闻得到。此味久久不散，感觉不是太好。

外国人多数是生吃，将它横切成一圈圈当沙拉。意大利人拿它在火上烤得略焦，浸在醋和橄榄油中，酸酸软软的，也不是我们太能接受的一种吃法。

中东人酿以羊肉碎，又煮又烤地上桌，有人也觉得没什么吃头。

我认为灯笼椒最大的用处是拿来做装饰，把头部一切，挖掉籽，就能当它是一个小杯子，用来盛冷盘食物，像鲜虾或螃蟹肉等，又特别又美观。

既然名叫灯笼，可以真的拿它来用。头切掉，肉雕花纹，再钻小洞，继而摆一根小蜡烛，是烛光晚餐的小摆设。

最好拿它当插花艺术的一种材料，颜色变化多，清新可喜。有时不和其他花卉摆在一起，直接拿几个去摆着，亦赏心悦目。

dōng cài 冬菜

冬菜是一种用大蒜制成的咸泡菜。下的防腐剂不少，我们不宜大量吃，否则对身体是有害的。

中国人吃的冬菜，几乎都来自天津，后来台湾地区也出产，为数不比那又圆又扁的褐色陶罐多。

在台湾地区，吃贡丸汤或者切仔面的街边档桌上，偶尔也放一罐冬菜，任客人加入，但是用透明的塑料罐装着，心里即刻打折扣，觉得不如天津冬菜咸和香了。

你到潮州人开的铺子里吃鱼蛋粉，汤中总给你下一些冬菜，这口汤一喝，感觉与其他汤不同，就上冬菜的瘾了。从此，没有了冬菜，就好像缺些什么。

潮州人去了泰国，也影响到泰国人吃冬菜。泰国菜中像腌粉丝等冷盘，下很多冬菜，他们的肉碎汤或汤面中也少不了。

海南人也吃冬菜，纯正的海南鸡饭一定配一碗汤。此汤用煲过鸡的滚水和鸡骨熬成，下切碎的高丽菜[①]，再加冬菜，即成。冬菜是绝对不能缺少的，很多香港店铺做海南鸡饭，却不知道这个道理，乱加其他食材，反而弄得不伦不类。

冬菜实在有许多用途，像一碗很平凡的方便面，抛一小撮冬菜进去，变成天下美味。

---

① 高丽菜，又叫卷心菜、甘蓝，闽南及台湾地区的人也称其为椰菜。——编者注

把剩下的冷饭放进锅子里滚一滚，打两个鸡蛋进去，再加冬菜，其他什么配料都不必放，已是充饥的佳品。

说到鸡蛋，潮州人和台湾人爱吃的煎菜脯蛋，用冬菜代替菜脯，有另一番风味。

有时单单把干葱头切片炸了，再下大量冬菜炒一炒，加一点点的糖提味，直接拿来送粥，也可连吞三大碗。

最佳配搭是猪油渣，和冬菜一起爆香，吃了不羡仙矣。

我父亲的一位老友是个又穷又酸的书生，一世人好，喝酒没有菜送，弄撮冬菜泡滚水，泡完冬菜发胀，就那么一小口送一大杯，吃呀吃呀，也吃光；把冬菜水当汤喝，最后把抓过冬菜的手也舔一舔，乐不可支。

dōng gū　冬菇

菌类之中，中国人吃得最多的就是冬菇了；我们日常吃的，多数来自日本。

到日本养殖场中看冬菇的培育过程，工作人员先把手臂般粗的松树干斩成一碌碌①，每碌三尺②长，接着在其上钻数十个小洞，将冬菇菌放入洞内，几天后就长出又肥又大的冬菇了。收成后，那碌松树干还可以继续使用，直到霉烂为止。

贮藏松树干的地方要又阴又湿，当今的养殖场多数是铺上塑料布，布置成一个温室，燃烧煤气来保持温度，一年四季皆宜种冬菇。

摘下来的冬菇有阵幽香，直接拿在炭上烤，蘸酱油来吃最美味。嫌味太寡的话，蘸辣椒酱也行，但味道被酱抢去。真正的食客，蘸盐而已。

冬菇晒干了就成干冬菇。种类极多，一般的并不够香，大家认为花菇最好。所谓花，是菇顶爆裂着的花纹。其实肉更厚的海龙冬菇是极品，花菇1斤160元，海龙冬菇1斤要卖360元。

从前的冬菇绝不便宜，和花胶、鱼翅同等地位，海产干货店才有得出售。当今大量种植，杂货铺中也供应了。

干冬菇要浸水来发，求速成可用滚水泡之，但香味走掉不少，一定要用凉水。

厚身的冬菇可以切成薄片炒之，或整只红烧。炖品盅下冬菇，怎么煲都煲不烂，厨艺不精的家庭主妇最好用它当材料。

斋菜中少不了冬菇，素就是宝，炆了就吃。但是最巧妙的还是冬菇的蒂，通常是切而弃之的，但把它撕成一丝丝，所有荤菜中用到江珧柱的，都能以冬菇蒂来代替。用油爆香冬菇蒂，加上玉米的须，下点糖，

---

① 碌，粤语中又圆又长的物体的量词。——编者注

② 1尺约为0.33米。——编者注

是一道很精美的斋菜。

浸过冬菇的水也不必倒掉，用来和火腿滚一滚，是上汤。

所有的料理之中，以色泽来统一的也很有趣。用冬菇、发菜、木耳，最后加入墨鱼汁来煮，可以变成全是黑色的料理。

三姑六婆喜欢煮冬菇水清饮，说能减肥。我试过，太淡，非常难喝；加几片鸡肉进去，喝了也不会发胖，还美味得多，我相信效果是一样的。

dòu bo 豆卜

豆卜应该是只有中国人才会做的食材，制作过程如下。

先把大豆磨了，不必像做豆腐那么细，粗一点也没关系；加水，煮沸时下盐，便产生一块块的凝结物，粤人称之为花。把花捞起，水倒掉，放入一个木框，再压扁挤干水，用刀割成方块，然后油炸。说来也奇怪，切口会连接起来，中间充满空气，成方形气排状，非常轻薄。外表淡褐色，切开了连在壁上的豆腐碎是白色的；皮略有韧度，咬嚼起来，口感甚佳。豆卜中空，很有禅味。

将豆卜切片，和豆芽一起清炒，是最家常的一道菜，但不容易做得好，过火了豆芽便萎缩，大量汤汁漏出，就难吃了。豆卜也得爆得略焦，才够味。切记油下镬后，要等到热得生烟，才放豆卜，再撒豆芽，很迅速地加点鱼露调味，兜两下，大功告成。

镬气是最重要的，它能将豆芽和豆卜中的甜味提出，故此道菜不下味精亦甜。若复杂一点，加韭菜好了。

因为中空，所以豆卜是酿肉酿鱼的最佳食材，客家人的酿豆腐，少不了豆卜。鱼蓉之中，加点咸鱼是秘诀。

如果在放大镜下看，豆卜充满气孔，所以能吸油吸汁。卤猪杂时，加几块豆卜下去，比肉类更好吃。

蒸鱼时，也用豆卜来垫底，给它喂满鱼汁。不吃鱼，豆卜本身已是一道菜。

茹素者更喜用豆卜入馔，炆白菜、冬菇、发菜和木耳，是道出名的斋菜。

爱吃荤的，做了红烧猪肉，吃剩的酱汁中加水，放豆卜进去煮一煮即能上桌。

买了鱼饼、鱼丸，吃不完放入冰箱，有雪味。这时可把水煮沸，加酱油、日本清酒和糖来煮，最后下豆卜，把汤汁吸干，非常美味。

不能混淆豆卜和腐皮。豆卜也不是生根，生根是用面粉做的，与豆无关。有些人嫌豆卜太软，在制作过程中加了面粉，较硬，是另一种吃法。

豆卜是最便宜的食材，百吃不厌，是中国人的饮食智慧，应受尊重。

D

dòu fu　豆腐

　　英国人选出的最不能下咽的东西中，豆腐榜上有名，这是可以理解的。

　　就是那么一块白白的东西，毫无肉味，初试还带腥味，怎么会喜欢上它？

　　我认为豆腐最接近禅了。要了解东方文化，要到中年，才能体会禅。我喜欢吃豆腐较早，即在做学生去京都的时候。

　　寒冬，大雪。在寺院的凉亭中，和尚捧出一个砂锅，底部垫了一片很厚的海带，海带上有方形的豆腐一大块。

　　把泉水滚了，捞起豆腐蘸酱油，就那么吃。刺骨的风吹来，也不觉得冷。喝杯清酒，我已经进入禅的意境。

　　这个层次洋人难懂。他们能接受的，仅限于麻婆豆腐。

　　豆腐被这个叫麻婆的人做得出神入化。我到麻婆的老家四川去吃，发现每家人做的麻婆豆腐都不一样。和他们的担担面一样，各有各的做法。

　　我们就从最基本的麻婆豆腐说起吧！首先，从油炸辣椒起。嫌麻烦的话，可用现成的辣椒油。再把猪肉剁碎，按七分油三分肉的比例，嫌麻烦的话，可买碎肉机磨出来。油冒烟时就可以爆香肉碎，最后加豆腐去炒。

　　豆腐的制作工序很细致。先把大豆磨成豆浆，滚熟后加石膏，豆腐即成。嫌麻烦的话，可在超级市场买真空包装的豆腐。但一切怕麻烦，就失去了豆腐的精神。

至于麻辣中的"麻"，则罕见，可在百货公司买一小瓶吃鳗鱼饭用的"山椒粉"，捞上一些，就有麻的效果。

用豆腐滚汤也美味，最简单的是西红柿豆腐汤，不然把鸡杂或猪杂用菜心炒了，再去滚汤也可。要豪华一点，把吃剩的龙虾头尾加大芥菜和豆腐烹调。

古人赞美豆腐的文字无数，值得一提的是苏东坡在《又一首答二犹子与王郎见和》的句子："脯青苔，炙青蒲，烂蒸鹅鸭乃瓠壶。煮豆作乳脂为酥，高烧油烛斟蜜酒，贫家百物初何有。"

dòu yá　豆芽

豆芽是最平凡的食物，也是我最喜爱的。豆芽，天天吃，没吃厌。

一般有绿豆芽和黄豆芽，后者味道带腥，是另外一回事儿，我们只谈前者。

别以为全世界的豆芽都是一样的，如果仔细观察，会发现各地的都不同。水质的关系，水美的地方，豆芽长得肥肥胖胖，真可爱；水不好的地方，豆芽枯枯黄黄，很细瘦，无甜味。

这是西方人理解不了的一种味觉，他们只会把细小的豆发出迷你芽来生吃，真正的绿豆芽他们不会欣赏，是人生的损失。

我们的做法千变万化，清炒亦可，通常可以和豆卜一起炒，加韭菜也行。高级一点，爆香咸鱼粒，再炒豆芽。

清炒时，下一点点鱼露，不然味道就太寡了。程序是这样的：把镬烧热，下油，油不必太多，若用猪油为最上乘。等油冒烟，即刻放入豆芽，接着加鱼露，兜两兜，就能上菜，一过热就会把豆芽杀死。豆芽本身有甜味，所以不必加味精。

"你说得容易，我就是不会。"这是小朋友们一向的诉苦。

我不知说了多少次，厨艺不是高科技，失败三次，一定成功，问题在于你肯不肯下厨。

下最基本的功夫，能改善自己的生活。就算是煮一碗方便面，加点豆芽，就完全不同了。

好，再教你怎么在方便面中加豆芽。

把豆芽洗好，放在一边。水滚，下调味料包，然后放面。用筷子把面团撑开，水再次冒泡的时候，下豆芽。夹起面条，铺在豆芽上面，即刻熄火，上桌时豆芽刚好够熟，仅此而已。再简单不过，只要你肯尝试。

豆芽为最便宜的食材之一，高级餐厅认为它不够档次，但是一点鱼翅，豆芽就登场了。最贵的食材，配上最贱的，也是讽刺。

这时的豆芽已经升级，从豆芽变成了"银芽"，头和尾是摘掉的。让你看到头尾的地方，一定不是什么高级餐厅。

连家里吃的都去头尾，这是一种乐趣，失去了绝对后悔。帮妈妈摘豆芽的日子不会很长。珍之，珍之。

é 鹅

鹅是雁形目鸭科中的一种，很多鹅成年后，比小孩高。鹅性凶，有时看到还穿着开裆裤的小孩，会追着啄。乡下有养鹅来看门的习俗。

鹅比鸡和鸭都聪明，看到矮桥或低栏时，会把颈项缩起，俯着头走过。也有人目睹飞翔着的野鹅群知道附近有老鹰，每一只都咬着一块石头，防止自己"鹅鹅"地叫个不停。

最常见的是灰色鹅，有野生的；养殖的多数是白色的。

世界上也只有欧洲人和中国人吃鹅较多。但古埃及的壁画上已有养鹅图画，说明古埃及人已经学会"填鹅"，迫使它们的肝长大。

日本人不怎么吃鹅，充其量是吃鸭子。至于鹅，基本只能在动物园里看到。

鹅的吃法中，最著名的是广东人的烧鹅和潮州人的卤鹅。前者有时吃起来觉得肉很老、很硬，这对专门卖鹅的餐厅很不公平，仿佛在说它们的水平不稳定。其实一年之中，鹅肉只有在清明和重阳前后的那段时间最嫩，其他时候吃，免不了有僵硬的口感。

潮州人知道这个问题出在烧鹅上面，烧鹅只是皮好吃，不如将鹅卤起来，不管年纪多大的鹅，都能被卤得软熟。

一般人有时连鸭和鹅都分辨不出，其实很简单，看头上有没有肿起来的肉瘤就知道了。鹅的身体线条较优美，鸭子相对丑陋，两者一比就能分出输赢，怪不得王羲之爱鹅不爱鸭。

吃鹅的话，除了卤水鹅，中国香港地区的铺记做得也好。烧鹅时，店家连木炭也讲究，要求制出最完美的招牌菜。不过，更好吃的，是烟熏鹅。

在铺记厨房,以鹅为食材做成了多道美味佳肴,可用鹅脑制冻,也可用鹅肝做腊肠。

说到鹅,不能避免谈鹅肝酱,法国人做这道菜最拿手。但劝告各位要试的话,千万要买最贵、最好的鹅肝酱。我最初没这么做,接触到劣货,觉得有阵腐尸味道,差点作呕。之后我一直都没碰过鹅肝酱,直到在法国乡村住下,试过优质的鹅肝酱才对此有改观,但已经白白浪费了数十年。

é gān jiàng　鹅肝酱

鹅肝酱为欧美三大珍品之中较为便宜的。不像鱼子酱和黑松露菌那么贵,多出点钱,还是能在高级西餐厅或高级超市买到。鹅本身的品种很多,但只有法国佩里戈尔的鹅最适合。它的肝最为肥大,样子有点像潮州的狮头鹅。

饲养过程相当残忍,从蛋孵化后长约 3 个月中用普通的饲料喂之,之后便一只只移进笼里,将一个特制的漏斗通到鹅颈中。24 小时不断强迫鹅进食,等到鹅的体重达到 12 ~ 15 千克,也没力气走路时才宰杀,取出的鹅肝足足有五六百克重,像颗柚子,得用双手捧着,颜色粉红得鲜艳,才是最完美的。

这种手法招来全球动物保护者的抗议,但是法国政府置之不理,好几个村子的生计全靠它,禁是禁不了的。

　　法国人说自古以来就有人用强迫进食法饲养家禽，古罗马已实行，埃及人也用同样手法。他们辩解道：鹅本来无用，只是一家工厂，能为人类制造出美食来。

　　一方面，虐待动物的话，应该反对；另一方面，我们也尊重别人的传统，我们不亲手喂鹅、杀鹅，就是了。

　　在佩里戈尔，第二次世界大战之前，鹅肝酱还只是少数法国人懂得享受的，一些家庭妇女为了赚一点私房钱，选一只鹅来强饲。

　　战后，饲鹅方法经一位叫慕扎的医生发扬光大，他提倡全村养鹅取肝，这才变成当地的一种工艺。慕扎医生对选鹅肝最有经验，处理方法也独特。他说过，新鲜鹅肝先要把肝中的筋割掉，肝才不会韧。这一点，很多大厨都不知道。

　　佩里戈尔也以出产黑松露菌闻名，慕扎医生教导的鹅肝酱最佳吃法为：先做一个饼底，把新鲜鹅肝切片后铺在上面，再铺一层黑松露菌，又把鹅肝用果酱炒后铺在黑松露菌上，最后铺饼盖，放进焗炉焗一小时，取出切片来吃，试过之后才知什么叫天下美味。

　　一般，鹅肝酱只有煎了当作头盘，或在牛扒上加一片的吃法罢了；更有些用鸭肝代替的，已不入流。

fān hóng huā　番红花

全世界最贵的香料，莫过于番红花（Saffron）了。

番红花的花并不红，花瓣为紫色，内长黄色的雄性花粉，以及雌性的柱头。番红其实取自这柱头，呈深橘红颜色，1寸[①]长左右，头大尾小。

每朵花里面有3枝这种柱头，需人手摘下。要大约75 000朵花的225 000枝柱头才能收集1磅[②]重。

1亩[③]地种出来的番红花可摘出4.5千克来，约等于10磅重，你说多珍贵？

番红花原产于波斯，印度的诸侯带到克什米尔去种，当今该区为世界主要产地之一。在西方，阿拉伯人占领了西班牙后，也大量种植。后来16世纪，在英国的埃塞克斯（Essex）繁殖起来，把一个叫沃尔登（Walden）的镇改名为萨夫伦沃尔登（Saffron Walden），著名的红花糕（Saffron Cake）从此成为英国人生活中的一部分。

公元前300年，中国已由印度进口番红花，传入西藏，称之为藏红花。川红花属菊科，藏红花属鸢尾科。

---

① 1寸约为0.03米。——编者注

② 1磅约为0.45千克。——编者注

③ 1亩约为666.67平方米。——编者注

当今到中东各地旅行，带点手信①回来，很少人会去买番红花，其实那边的售价较为便宜。要是失去机会，可在高级超市的香料部买到，那里1克1克地卖，装在透明塑料盒或玻璃瓶中，贵到不得了。

想玩一玩的话，买1克回来，放10枝花柱在白色瓷杯中，加水，整个杯子就变成很艳的黄色。

番红花做起菜来，普遍用在米饭上。印度的比尔亚尼饭（Biriani）、西班牙的海鲜饭（Paella）、伊朗的番红花饭（Shola）、意大利的米兰烩饭（Risotto alla Milanese），非加番红花不可。

番红花可加在汤中，是法国西部名菜布耶佩斯（Bouillabaisse）的主要原料之一。

番红花的滋味除了带点苦，还有种奇异的香；但个性不强，不会影响其他食材，只增加它们的娇艳，是食物的"最佳化妆品"。

虽传到中国，但很多人不将其用于烹调，只用作药物。它少用养血，多用行血，过用则血流不止。

---

① 手信指特产和小礼物等。——编者注

F

fān lì zhī　**番荔枝**

番荔枝，皮若荔枝，故名之。

有叫蛋挞苹果（Custard Apple）的，指的是表面较为平坦的番荔枝。而普通的番荔枝，英文名应作 Sugar Apple 或 Cherimoya 才对。番荔枝有苹果般大，呈心形，故时而称之为牛心（Bullock's Heart）。

番荔枝原产于非洲，后来被移种到东南亚，是很受华人欢迎的一种水果，欧美人不懂得欣赏。它的收成期为一年二季——春天和秋天，但是当今一年从头到尾有得卖，是因为有来自大洋洲的，那边的季节和北半球的相反。

水果有些酸，有些甜，但番荔枝永远是甜的，从来没吃过酸的，尤其是当今来自大洋洲的改良品种，个子大，肉很厚，甜得像蜜糖。

原始的番荔枝比网球还小。树不高，俯身可采；在树上的番荔枝全是绿色的，非常漂亮。看到鳞目之间发黄，代表果实已成熟，可以摘下。从前的番荔枝不耐放，很快就腐烂；当今的已变种，储藏两三个星期也行，但是日子一久，开始有黑斑，并长出白色蛀虫，最后全部变黑，已不能食。

用手掰开番荔枝，露出一颗颗雪白的果肉，中间有黑核。叫蛋挞苹果的番荔枝整粒成一体，核分布其中，吃时用刀切开。

番荔枝含有少量维生素和矿物质，故在药疗上起不了作用；它一味是甜，糖尿病患者反而要回避之。

吃法一般都是由树上摘下后，就那么当水果吃。从前不耐久，商人也会把它冰冻，运到欧美各地。

因为果肉所含水分不多，很少人用它来榨汁；可以把核取出，肉放于搅拌机内打碎，淋在刨冰上或制成雪糕。

制成啫喱更是美丽，把鱼胶粉溶解，加入玫瑰糖浆，呈红色。置碗中，再拆番荔枝，去核，把一粒粒白色果肉置于糖浆中，凝结后翻碗入碟上桌，在西餐店拿出来，可成为高价甜品。

fān shí liú　番石榴

番石榴有个番字，当然是外国移植来的。早在公元前 800 年，秘鲁人已种番石榴，后来传去西印度群岛，再到夏威夷和南洋来，分布区域甚广，凡亚热带和热带，皆见此果。

英文名为 Guava，别名番稔，也有人称之为番桃。中国台闽地区的人叫它番石榴，南洋人则叫拔仔。

种植后一两年就能结果，开白色花，叶对生，枝亦对生，故南洋小孩常锯下后当弹弓。果实种类多，深绿色又很硬的，最为原始，核也多，味苦涩。放置久了，果实会变黄，才较柔软，这时发出独特的香味，也甜了许多。

也有桃色和红色的番石榴，切开了分两层，内面全是核，外边层方可食，核极难消化，吃下去后原状排出来。

泰国种的番石榴肉极厚，核部很小，最为好吃。当今的泰国种番石榴已被改良又改良，甚至已用接枝方法，生产出全部是肉、一点核也没有的果实来。

有些种类一闻之下，有阵臭味，故名鸡屎果；但吃下去却香甜可口，中国的华南和四川盆地均有栽培。

成熟的番石榴呈浅绿色，皮连在肉上，不必削去，即可食之，口感爽脆，味香甜。泰国人还嫌不够，时而蘸甘草粉和黄糖来吃。新加坡和马来西亚人更把白糖放在浓酱油中，加红辣椒丝点之，又甜又咸。别的地方人看不惯，取笑之。

番石榴所含维生素甚为丰富，属于健康水果，榨了汁，据称能止泻。用它的叶子来煲茶，也说有治糖尿病的功效。

中国台湾地区的人好食番石榴，经常做成蜜饯、果酱、醋，拿来浸酒，但最流行的是番石榴汁；当今制成罐头，摆在食肆中。

2002年，日本养乐多公司研究证实它有控制血糖的功效，并获日本卫生局批准为健康食品；但日本人觉得番石榴味道甚怪，至今流行不起来。

食素者把果实挖空中心，可当小碗。将木耳、白果、松子炒后置于其中，再蒸熟，连碗嚼之，又好看又好吃。所有用梨来烹调的食物，都能以番石榴代替，变化无穷。

fān shǔ　番薯

番薯名副其实，是由"番"邦而来。因为粗生，我们向来认为它很不值钱，并不重视。

和番薯有关的词往往没有什么好的含义，甚至向广东人问到某人时，回答"他卖番薯去了"，就是死去之意。

一点都不甜、吃得满口糊的番薯，实在令人懊恼。本以为加糖可以解决问题，岂知又遇到些口感黏糊糊，又很硬的番薯，这时你真的会把它划进"死"字去。

大概最令人怨恨的是，天天吃，吃得无味，吃得脚肿，但这一切都与番薯无关。不能怪番薯，因为在这太平盛世，番薯已卖得不便宜，有时在餐厅看到甜品菜单上有番薯汤，大叫"好嘢①，快来一碗"。侍者奉上账单，三十几元，还未加一②。

番薯又名地瓜和红薯，外表差不多，里面的肉有黄色、红色的，还有一种紫得发艳的，煲起糖水来，整锅都是紫色的水。

这种紫色番薯在中国香港偶尔也能找到，但绝对不像加拿大的那么甜、那么紫。有人说这是由东方带来的种，却忘记了它本身带个"番"字，很有可能是当年的印第安人留下的良物。

除了煲汤，最普遍的吃法是用火来煨，这是一道大工程，在家里很难做得好，还是交给街边小贩去处理吧。北京尤其流行这种吃法，卖的煨番薯真是甜到漏蜜，一点也不夸张。

煨番薯是用一个铁桶，里面放着烧红的石头，慢慢把番薯烘熟。这个方法传到日本，至今在银座街头还有人卖，大叫烧薯。酒吧女郎送客

---

① 好嘢，粤语，意为"好东西"。——编者注

② 加一，在粤语中是收取服务费的意思。——编者注

出来，叫客人买一个给她们吃，盛惠①2500 日元，相当于一两百港元。

我怀念的是福建人煮的番薯粥，当年大米有限，把番薯扔进去补充。现在其他地方难得，台湾地区还有很多，到处都可以吃到。

最好吃的还有番薯的副产品，那就是番薯叶了。将它烫熟后淋上一匙凝固了的猪油，让它慢慢在叶上融化，令叶子发出光辉和香味，是天下美味，目前已成为濒临失传的菜谱之一。

教你煮好菜

用番薯来煮粥或煮饭最简单，到市场买两个番薯，一个黄肉、一个紫心，两种加在一起煮，颜色才美观。将番薯去皮后切粒，放进粥或饭中一起煮就成。喜欢吃咸的加盐，爱吃甜的加糖，随个人喜好调味就是，不必拘泥。

大家都喜爱的番薯糖水也不难煮。将番薯去皮，切成稍厚的块状。如果切得太细，番薯容易化开，变成一摊泥。再将一块生姜去皮后拍扁切片。锅里加水，不必等水滚，先将材料（姜和番薯）放下去，才容易出味。用大火煮开后转中火继续。煮时可用木筷刺进番薯，试其软硬，煮至自己喜欢吃的程度便可加糖。最好是加片糖，如果没有，可以用黄糖或冰糖代替。将糖煮至溶化便可以吃。冬天煮这个糖水给家人吃，大家都暖在心头。

---

① 盛惠是商家对打折的另一种说法。——编者注

番薯带甜，比较适合做甜点。用潮汕芋泥的方法来处理，又另有一番风味。先将番薯焓^①熟，去皮，切成大块；然后将菜刀平放在番薯上，轻轻一压、一拖，便成了番薯泥。将猪油加进镬中，然后用慢火炸些葱粒；待葱粒微焦，便可将番薯泥加进镬中，加糖同炒。煮这个菜切忌心急，一定要用慢火，否则容易烧焦；将番薯泥炒至糊状后，便可装进碗中；再隔水蒸十分钟便可以吃。这道菜不容易做，但用努力换来的美食，更令人满足。

当然，最受人欢迎的还是最基本的煨番薯，家中虽然没有炭炉，但可以用焗炉代替。将番薯洗净拭干，直接放进焗炉中烤便是；时间和火力可以参考焗炉的说明书，不然向菜贩请教也行。烤出来的成品当然不及在街边买到的，没有炭火的香味嘛；但用来满足口腹之欲，还是可以的。

fěn sī **粉丝**

粉丝，一般是用绿豆做出来的食材，以干货出售，浸了水变柔软；但很有弹性，呈透明状，美丽又可口。

---

① 焓，粤语，指利用大量沸水将食物炊软、炊熟。——编者注

用最贵的鱼翅去炒最便宜的鸡蛋，称为桂花翅，的确好吃。平民版本的粉丝炒蛋，口感不逊色，其实鱼翅及粉丝两者本身皆无味，何来的区别？

粉丝一般是放进汤中烹调，上海菜中著名的油豆腐粉丝，最具代表性。潮州菜的九棍鱼汤也少不了粉丝，和粉丝配合得最好的是天津冬菜，当然撒上炸过的干葱或蒜蓉，更加美味。

粉丝易断，又黏锅，很少拿来炒，要炒的话，需要极高明的厨艺。福建人的炒粉丝做得最出色，其他省份罕见。

粉丝一炸，就变成白色。粉丝直接以干货形态去炸发得不大，要浸过，等水分干了再炸才可。炸过的粉丝当成碟边的装饰品很糟蹋它，若去做汤则为上乘。四川名菜"蚂蚁上树"就是炒粉丝。现代版的蚂蚁上树，是先将粉丝炸了，再把肉碎、酱汁等淋在粉丝上，又有另一番滋味。

次等的粉丝，一煮就稀烂得变成糊状，市面上购买到的龙口粉丝最佳。如果你还嫌难以处理，就买一包像方便面般的粉丝吧，一泡水就行。

粉丝吸水，做汤时下得太多的话，整锅汤都会干掉。利用这个原理，吃火锅时，最后剩下的汤汁最甜，但又已经饱得再也喝不完，这时叫一碟粉丝加进去，等它吸干汤，当成捞面一样食之，再饱也能吃三碗。

当今的海鲜馆子也爱用粉丝，蒸带子或巨大的蚬类时，加蒜蓉和粉丝在壳内，也是美味。尤其是螃蟹，蟹肉用豉椒炒之，把粉丝和蟹膏混在一起蒸起来，又是另一道菜。

日本人吃的粉丝比我们的粗大，有时还加了蒟蒻[1]粉进绿豆中，防止它易烂。但这样一来粉丝变得不入味，就没那么好吃了。他们经常在砂锅之类的料理中用粉丝，味道和口感没有我们的好，但以名字取胜，用了一个很有诗意的"春雨"。

fèng yǎn guǒ 凤眼果

凤眼果树，属梧桐科，可长至 30 英尺高，叶呈椭圆形，春季开小花，形似一顶小皇冠。花落后长出扁平的豆荚，初绿色，成熟后内外层逐渐转为朱红，内藏圆锥形的黑果，最后豆荚裂，呈现果实。人们走过，抬头一看，好像一双凤眼在树影中瞪着你，故名凤眼果。

将果实煮熟，捞起后除去紫黑的皮。内还有几层皮，所以凤眼果亦叫"苹婆"，是有其典故的。《岭南杂记》云："苹婆果，如大皂荚，荚内鲜红，子亦如皂荚子，皮紫，肉如栗，其皮有数层，层层剥之，始见肉，彼人詈厚颜者，曰苹婆脸。"

原来凤眼果也可以用来讽刺厚脸皮的人，外国人不甚了解此果，听其名，叫作 Ping-Pong，乒乓的意思。其他名字叫作 Horse Almond，意为马吃的果仁。

---

[1] 蒟蒻即魔芋。——编者注

凤眼果的中国别名为潘安果，也许凤眼不只是女性专有，俊男亦得。

此树在大洋洲，亚洲的印度、印度尼西亚、越南，甚至非洲亦出现，但大多数人认为原产地是中国南部。中国台湾地区产量不多，在南部因其叶大，是栽培来遮阳的，果实则甚少出现在市场中。

到了夏天，中国香港地区的蔬菜摊中就卖此种紫黑色的果实，但年轻人已不知这是何物。

老饕见到嘴馋，即刻买回来用滚水去掉其硬壳，取出果仁来，又剥掉半透明的衣，就呈现黄色的肉。煮一小时，蘸盐吃咸的，蘸糖当甜品。剥皮后烧烤，更香。其味像蛋黄，但若嫌淡，那就要靠五花腩来提味了。以猪肉红烧，凤眼果更是美味。栗子吃厌了，改用凤眼果，引起食欲。

论营养，凤眼果的蛋白质含量很高，又富含维生素，中医说体弱或食欲不振的人，最好吃凤眼果，是补充体力的良品。

但一般人看到凤眼果还是先考虑吃法，其实也可以用来煲汤，加莲子、百合、雪耳、白菜和猪展[①]一起滚两三小时即成。吃素的可依上述之方，但不加肉。

当成甜品的话，把姜拍碎，加黄糖来煲，不逊番薯糖水。

---

① 猪展一般指猪小腱子肉。——编者注

fǔ rǔ　腐乳

腐乳可以说是一百巴仙①的中国东西，它的味道，只有欧洲的奶酪可以匹敌。

把豆腐切成小方块，让它发酵后加盐，就能做出腐乳来，但是方法和经验各异，制成品的水平也有天渊之别。

腐乳通常分为两种，白色的和红色的，后者甚为江浙人所嗜，称之为酱汁肉，颜色来自红米；前者也分辣的和不辣的两种。

一块好的腐乳，吃进去之后，先闻到一阵香味，口感像丝绸一样细滑。死咸②是大忌，盐分应恰到好处。

专门卖豆腐的店，多半有腐乳出售，产品类型多不胜数。在香港，出名的"廖孖记"，制作腐乳的水平比一般的高出甚多。

但至今吃过最高级的，莫过于在"镛记"托人做的。已故老板甘健成生前孝顺，知父亲爱腐乳，年岁高，不能吃得太咸，找遍全城，只有一位老师傅能做到，每次只做数瓶，非常珍贵，能吃到是三生之幸。

品质差一些的腐乳，只能用来做菜了，加椒丝炒蕹菜，非常惹味。

---

① 巴仙，东南亚一带的华人用语，意为"百分之"或"%"，由英语的"percent"音译而来。一百巴仙即百分之百，不打折扣的意思。——编者注

② 死咸，方言，即非常咸。——编者注

炆肉的话，则多用红腐乳。红腐乳也叫南乳，用它炒的花生称为南乳花生。

腐乳还能医治思乡病，长年在外国居住，得到一樽，感激流涕。看到友人用来搽面包，认为是天下绝品。东北人也用来搽东西吃，涂的是馒头。

据中国美食家白忠懋说，长沙人叫腐乳为猫乳，为什么呢？腐和虎同音，但吃老虎是大忌讳，就叫作同属猫科的猫乳了。

绍兴人叫腐乳为素扎肉，广东人也把腐乳称为没骨烧鹅。

贵阳有种菜，名为啤酒鸭，是把鸭肉斩块，加上豆瓣酱、泡辣椒、酸姜和大量的白腐乳煮出来的。

当然，我们也没忘记吃羊肉煲时，一定用点腐乳酱来蘸蘸。

腐乳传到日本，但并不流行，基本只有九州岛的一些乡下人会做。但是传到了冲绳岛，则变成了冲绳岛人的大爱。我们常说好吃的腐乳难做，盐放太少会坏掉，放太多又死咸，冲绳岛的腐乳则香而不咸，实在是珍品，有机会买樽回来试试。

教你煮好菜

有时半夜想吃东西，又不想花时间煮食，腐乳也是很好的选择。将两块腐乳放在小瓷碟上，撒些白糖，再切些姜丝放在上面，用筷子一点一点夹起来吃，是很好的小食。嫌腐乳太单调，也可以用面包或咸饼干蘸着吃，再配一杯温热的花雕酒。这绝对不逊于西方的红酒伴芝士，价钱也便宜一大截。

想吃得充实一点，可以用腐乳来炒蛋。将腐乳和蛋一同放在大碗中搅匀，再切些葱粒下去；加猪油下镬，用大火将镬烧红，直至冒烟。这时候马上熄火，将蛋浆倾进镬中，用镬的余温将蛋炒熟，这样炒出来的蛋才会滑。每次煮这道菜给朋友吃，他们都不敢相信蛋和腐乳竟可如此配合。

用腐乳来煮的五花肉，也是令人垂涎的菜式。先将五花肉切块，灼水后捞出。下油烧至微热，便转小火，放入冰糖，将糖炒至微微发焦，便可放入五花肉。改大火，快速翻炒，令糖色均匀地沾在五花肉上。然后将两块腐乳用熟油拌匀成腐乳汁，倒入锅，翻炒均匀；待五花肉炒至五六成熟，便可再加少许花雕酒继续炒。这时肉已有七八成熟，便可再转小火，盖上锅盖炆煮，将腐乳的香味逼入肉，便可上桌。有这一碟肉，可吞白饭三大碗。

G

gā lí 咖喱

"咖喱"，已是一种世界通用词；起源于印度，后来传到非洲，再风靡了欧洲诸国。东南亚受它的影响极深，而日本甚至已把咖喱当成国食，和拉面是同等地位。

我住印度时，一直问人："你们为什么吃咖喱？"

问十个，十个答不出，后来搭巴士，看到一个初中生，问他同一个问题。

"咖喱是一种防腐剂，从前没有冰箱，外出耕作，天气一热，食物变坏，只有咖喱可以一煮就应付三餐。咖喱上面有一层油，更有保护食物的作用。"初中生回答，"道理就是那么简单。"

我对这个答案很满意。

咖喱在印度和东南亚各地，是在菜市场卖的，小贩用一块平坦的石臼，上面有一根石头圆棒来把各种香料磨成膏，一条条地摆着。要煮鸡的话，小贩会替你配好；煮海鲜的话，又是从其他几条咖喱膏刮下来的。客人买膏回去煮，不像我们在超级市场中买咖喱粉。

基本上，咖喱的原料包括丁香、小茴香、胡荽籽、芥末籽、黄姜粉和不可缺少的辣椒。

印度和巴基斯坦的咖喱，很依靠洋葱。如果你在中国香港著名的印度咖喱店走过，你会发现门口一定摆着一大袋一大袋的洋葱，店家把洋葱煮成浆，再混入咖喱膏，烧成一大锅。你要吃鸡吗？吃就倒鸡进去；要吃鱼吗？吃就倒鱼进去，即成。

所以，印度和巴基斯坦的咖喱，肉类并不入味，没有南洋咖喱好吃。

　　南洋人做咖喱，先落油入镬，等油发烟，倒入两个切碎的大洋葱去爆。这时下咖喱膏或咖喱粉，然后把肉类放进去，不停地炒。火不能太猛，当看到快要黏底时，加浓郁的椰浆，边炒边加，等肉熟，再放大量椰浆去煮，这样一来，咖喱的味道才会混入肉里，肉汁也和咖喱融合，才是一道上等的咖喱。

　　当然，不加水，少加点椰浆，把咖喱炒至干掉也行，这就是所谓的干咖喱。

　　做咖喱并无高科技，按照我的方法做，失败了几次之后，你就会变成高手。

guī yú　鲑鱼

　　在大洋洲出生，游向大海，又一定回到原地产卵的鲑鱼，是初吃鱼生的人最喜欢的。

　　鲑鱼给人一种很新鲜的印象，是因为它的肉永远呈柑红色，而且还带着光泽。其实腐坏了的，也是这个颜色，又没有鱼腥味。这是多么危险的事情！

　　所以，正统的寿司店，绝对不卖鲑鱼鱼生，老一代的人也不吃。日本年轻人尝之，是受到外国人的影响。

　　吃鲑鱼是欧洲人生活的一部分，北欧尤其流行，不过他们也不生吃，大多数是将鲑鱼整条烟熏后切片上桌。鲑鱼虽为深水鱼，但也游回水浅的河中，易长寄生虫。

日本人一向以盐腌渍。海水没受污染的年代，鲑鱼大量生长，一些日本人捕之，硬销到中国来，通街都是，我的父母还记得大家都吃得生厌呢。

当今产量减少，被叫作"鲑"（Salmon/Sake）[①] 的鲑鱼，在日本卖得也不便宜。将它切成一包香烟那么厚的一块，放在火上烤后送饭，是典型的日式早餐。

鲑鱼最肥美的部位在肚腩，百货公司的食品部将其切为一片片卖，但是油更多的是肚腩那条边。日本人注重整齐和美观，会把它切掉。在日本市场中偶尔可以找到，一包包真空包装、被称为"腹肋"（Harasu）的，很便宜。

腹肋是鲑鱼最好吃的部分，用个平底镬煎一煎，油自然流了出来，这是我唯一能接受的鲑鱼做法。

鲑鱼的卵子像颗珍珠那么大，颜色大红，生吃或盐渍皆佳。日本人叫作"Ikura"，和问"多少钱"的发音一样。

鲑鱼的精子则少见，我只在北海道吃过一次，非常美味。日本人中也没多少吃过这种他们叫作"Sake No Shirako"的东西。

从大西洋中捕捉到的鲑鱼，肉很鲜美，生吃还是好吃的。在澳大利亚的塔斯马尼亚小岛的市场上，我看过一尾 1 英尺长的大鲑鱼，买下来花尽力量扛到友人家，当见面礼。朋友的父母用刀切下一小块肚腩送到我嘴里，细嚼之下，是天下绝品。

---

guǒ tiáo　粿条

粿条，粤人称之为沙河粉，简称河粉，南洋人音译为贵刁。日本人在名古屋也生产粿条，叫作锦面（Kishimen）。虽称面，但不以麦粉制造，而以米为原料。意大利人的意大利干面条（Tagliatelle）不可与粿条混淆，它们的外形相似，但前者说到底还是以麦做的宽面罢了。

广东人以粿条制成的小食，最著名的莫过于干炒牛河。要炒好一碟，功夫甚深，差的炒得油腻腻的，一点香味也没有；大师傅把火候控制得好，才能干身，没有对不起"干炒"这两个字。

至于湿炒，则为泰国人最拿手，他们用的材料有海鲜、牛肉、鸡肉和猪肉，加大量芥蓝和汤汁，最后将煎过的河粉投入，兜了几下就上桌。吃时要等一等，让汤汁入味才好吃。

泰国的国食 Pad Thai，用的是干河粉浸水发大，有人称之为金边粉，可能是柬埔寨人做得最润滑的缘故。

沙河当今已被列入广州市，从市中心去那里也不是很远。那里吃到的沙河粉五颜六色，红的是加入了胡萝卜汁，绿的是加入了菠菜汁；还有褐色的，是拿朱古力粉混成的，被当作甜品。

与河粉异曲同工的是陈村粉，把一片片的米粉弄皱后大片切开，像一件三宅一生①设计的衣服。

---

① 三宅一生是日本著名设计师，他的设计改变了成衣光洁平整的定式，创造各种肌理效果。——编者注

G

排骨河粉有时是用煲仔烹调的，炒排骨和河粉，入煲，再烧它一阵子；底部留着的发焦河粉，刮起来吃也相当可口。

至于煮汤的河粉，最受中国香港人欢迎的是鱼蛋河粉，汤中要投入炸蒜蓉、芹菜碎和大量天津冬菜才够味。

除了鱼蛋河粉，也有所谓四宝河粉的，那是加了鱼饼、鱼饺和鱼片（一种把鱼胶铺成薄片，皱起来卷成的食物，有时包着芹菜和胡萝卜当装饰）。

河粉本身无味，要靠其他材料来调。清炒嫌味太寡，可加入鱼露，鱼露和河粉配合得极佳。

至于越南人的牛肉河（Pho），更是一绝，但把汤汁熬得出色的食肆并不多。

南洋人的炒贵刁用猪肉，材料有鱼饼、腊肠片、豆芽、韭菜及猪油渣，淋上黑色的甜酱油和辣椒酱，上桌前投入大量血蚶，鲜美到极点，百食不厌矣。

hǎi dǐ yē　海底椰

　　我们在甜品店吃到海底椰，或用海底椰来煲汤，说是可以润肺止咳。这到底是什么果实，树形又是什么样子的呢？

　　从名字听起来，人们可能产生一种很大的误会。

　　首先，海底椰根本不长在海底。真正的所谓海底椰，只长在非洲的塞舌尔群岛。我们在菜市场找到的海底椰，只是扇椰子的果实，和塞舌尔海底椰也搭不上关系。

　　最初，马尔代夫渔民出海，发现西印度洋上飘浮着像椰子的果实，以为是海中长出来的；法国名为 Coco de Mer，也是海中椰子的意思。到了 1519 年，才有文字记载，说在塞舌尔群岛看到同样的果实，才知道它是长在树上的。

　　属于棕榈科，树可长至 60～90 尺，叶子张开很大，宽 6 尺。果实生长缓慢，几年才有一个，通常分为两瓣，所以也有双椰（Double Coconut）之称。

　　果实巨大，最重的可达 25 千克，雌雄异株。

　　真正的海底椰极为难得。塞舌尔群岛中也只有一两个岛，长出 4000 多株海底椰树罢了，被政府当成重点保护对象，严禁砍伐，不得擅自采摘果实，也不可出口。

　　游客去塞舌尔，要找到一颗有许可证的海底椰也不易，每颗价高达两三百美元。

　　那么我们买到的海底椰，绝对不是塞舌尔的了。它们来自斯里兰卡、印度和泰国，一颗只有拳头那么大，带着淡棕色的皮，剥开来是半透明的果肉，吃了口感有点韧性，略甜，不是什么值钱的东西。

为什么广东人认为它有药性呢？老祖宗的《本草纲目》没记载过呀。化验结果显示，它含有人体所需要的氨基酸，故能保健。这也是只有粤人研究出来的结果，不得不佩服。

在塞舌尔，海底椰已经珍贵，还有种专门剥开果实坚硬外壳的螃蟹更为难得，其肉甚甜，到该岛旅游，不容错过。

hǎi mán　海鳗

海鳗，是指一生中只生活在海里，不游进湖泊或溪涧的鳗鱼；而巨大的油追①，也属于海鳗的一种。

我们用海鳗做的菜，花样不如用河鳗做的多。做油追也是先斩件，油爆之后，再用葱蒜和几块烧肉一起去炆的。油追的肉吃起来相当粗糙，绝不比河鳗的细嫩，故油追的价格一向不高，只能被当成下等食材。

日本人则不同，把海鳗当成宝，名之"鱧"（Hamo），其英文名是Pike Eel。

夏天，在关东的东京人吃河鳗的时候，关西的大阪人最注重吃鱧。

_____

① "油追"是广东地区对一种海鳗的叫法。——编者注

所有在节日中供奉的，非鳢不可。

海鳗的生长地区很广，从西太平洋到印度洋的沙泥里面，都钻着海鳗。它春天向北游，秋天向南，这时渔民用拖网大量捕捉，也抓不完。

和河鳗一样，海鳗的生命力也非常强，头斩下后还死不了。鱼市场的师傅要用一根很长的铁丝，由它的脊椎骨中穿入，拉几下，才能制止海鳗的活动。

海鳗的骨头又硬又多，要很有经验的师傅才能仔细把骨头片出，剩下的肉一刀一刀地细切，切到连皮的位置才停下。将肉抛入冰水，让它卷起花纹，又好看又好吃。

鳢全身可食，连皮部分用油和糖来烧烤，也可油炸来吃。切成一圈圈后煮汤，肝肠则用油红烧，也可以包着海苔煮。骨头炸酥后用来送酒。

和鳢不同，另一种海鳗叫"穴子"（Anago），身形较短，通常可以在寿司店吃到，绝不可以和河鳗混淆。寿司嘛，卖的一定是海里的东西，与淡水无缘。好的寿司店里卖的穴子，都是一整条上的，切成几块上桌，就显得寒酸了。

外国人甚少吃海鳗，除了西班牙人，但西班牙人吃的也只是刚出生的小条海鳗。他们用一个陶钵，像我们用来焗禾虫的那种，把钵烧红，放橄榄油进去，再加大量蒜蓉，一爆香，即刻抓一把活生生的海鳗苗投入。上盖，不消一分钟，大功告成。吃时用一根木头做的调羹，用铁羹的话，放在热钵中一久，会烫伤嘴唇的。

H

海中植物，除了海带、海苔类，还有许多杂草类，"水云"就是其中一种。

"水云"又叫"海蕴"，日本人称之为"Mozuku"，是冲绳岛的特产。

世界卫生组织研究，冲绳男女多长寿，与吃这种营养价值极高的"水云"有关。

"水云"像一丝丝的头发，食感滑溜溜的，并无太大的紫菜腥味。冲绳人为了推广给中国香港地区的人吃，请"铺记"做了多款"水云"菜，但因我们始终吃不惯而作罢。

我们吃发菜，也并非认为是好味才吃，采它的意头而已。如果能把"水云"改名为"水发菜"，一定有生意做。

还有一种叫"羊栖菜"（Hijiki）的，一支支像折断了的黑色牙签。放点糖和盐腌制，味道怪怪的，但也有很多人喜欢。

把海草煮溶后提炼出来的东西，日本人叫作"寒天"，就是中国人叫作"大菜"，南洋人叫作"燕菜"的食物，制作技术应该也是中国传过去的。但日本人不赞同，他们认为是400年前京都的一家餐馆用海草煮出啫喱状食物宴客，把吃不完的扔在雪中，就变成了"寒天"。

日本的"大菜"，也有像我们这里拉成丝的，但大多数是切成方块的长条，溶化起来比大菜丝快；也有磨成粉的，不必煮，加了冷水调开即可。

甜品之中，有一种日本人爱吃的叫作"心太"（Tokoroten）的东西，就是把"大菜"做成乌冬①那么粗的长条，褐黄的颜色和外表看起来像切丝的海蜇皮。这种"心太"有历史记载，是日本遣唐使带回去的，中国人反而失去了这种吃法。

把"大菜"煮了，凝固后切成块，再以味噌来腌渍，做出来的东西清澄金黄，非常漂亮，又很美味，是下酒的好菜。但是这种做法在日本料理店已少见，也许会失传。

当今外国人也受影响开始吃"大菜"，其英文名字叫"Agar-Agar"。

所有的海杂草类之中，最稀有的是叫"缢蛏"的海藻，被冲绳人俗称为"海葡萄"，一粒粒有如鱼子酱，吃起来有过之而无不及。如果人们能提倡吃它，就不必把鲟鱼捕杀得快绝种了。

hān　蚶

蚶，又叫血蚶，和在日本店里吃到的赤贝是同种，没什么大不了的。

上海人觉得它珍贵，烫煮后剥开一边，壳淋上姜蒜蓉、醋和酱油；一碟没几粒，却卖得不便宜。

在南洋，这种东西就不稀奇了。它产量多，1斤才1元；但当今怕

---

① 乌冬是以小麦为原料制成的日本面食。——编者注

污染，已很少人吃。

潮州人最爱吃蚶，做法是这样的：先把蚶壳上的泥冲掉，将蚶放进一个大锅，再烧一壶滚水，倒进锅里，用勺子拌几下，迅速地将水倒掉。壳只开了一条小缝，就那么剥来吃，壳中的肉还是半生熟、血淋淋的。

有时藏有一点点泥，用壳边轻轻一拨，就能移去。这时蘸酱油、辣椒酱或甜面酱吃，或什么都不蘸，直接吃也行。

吴家丽是潮州人，和她一起谈到蚶，她兴奋无比，说太爱吃了，剥了一大堆，剥到蚶血从手中滴下，流到臂上转弯处，才叫过瘾。

正宗的叻沙①，上面也加蚶肉。南洋人炒粿条时一定加蚶，但要在上桌前才放进鼎中兜一兜，不然炒得过老，蚶肉缩小，就大失原味了。

在中国香港地区，如果你想吃蚶子，可到九龙城的潮州店铺"创发"去，这家店终年供应，遇不到合适的季节，蚶肉会瘦一点。

越南人也吃蚶，把蚶壳剥开了用鲜红的辣椒咖喱酱拌之，非常惹味。在中国香港渡船街的"老赵"偶尔也能吃到，美食坊的分店中也有。

庙街的炒田螺大排档中也卖蚶，但卖的是大型的、像赤贝那种，烫熟了吃。通常烫得蚶壳大开，肉干瘪瘪的，没有潮州人的血蚶那么好吃。

新加坡卖鱿鱼蕹菜的摊中也有蚶。把泡开的鱿鱼、通心菜和蚶在滚水中烫一烫，再淋沙茶酱，加点甜酱，特别美味。有时也烫点米粉，被面酱染得红红的。

---

① 叻沙，马来西亚和新加坡的特色面食。——编者注

不过吃蚶的最高境界在于烤，两人对酌，中间放一个煲工夫茶的小红泥炭炉，上面铺一层破瓦，将蚶洗干净后选肥大的放在瓦上，一边喝酒一边聊天。等蚶壳"啵"一声张开，就你一粒我一粒地用来送酒，优雅至极，喝至天明，乃人生一大乐事。

háo　蚝

蚝，不用多介绍了，人人都认识，先谈谈吃法。

中国人做蚝煎，和鸭蛋一起烹调，蘸以鱼露，是道名菜。但用的蚝不能太大，拇指节般大小最适宜。不能瘦，愈肥愈好。

较小的蚝可以用来做蚝仔粥，也鲜甜得不得了。

日本人多把蚝裹面粉炸来吃，但生蚝止于煎，一炸就有点暴殄天物的感觉，鲜味流失了很多。他们也爱把蚝当成火锅的主要食材，加上一大汤匙的味噌酱，虽然可口，但多吃生腻，不是好办法。

将蚝煮成蚝油保存并大量生产，味道并不特别，有点像味精膏。某些商人还用青口来代替生蚝，制成假蚝油，更不可饶恕了。

真正的优质蚝油不加粉，只将蚝汁煮得浓郁罢了。当今难以买到，尝过之后才知道它的鲜味很有层次感，味精也比不上，和一般的蚝油不同。

吃蚝，怎么烹调都好，但绝对比不上生吃。

最好的生蚝不是人工繁殖的，所以壳很厚，厚得像一块岩石，一只至少有十来斤重，除了渔民，很少人能尝到。

一般的生蚝，多数是一边壳凸出来，一边壳凹进去，种类数之不清，已差不多都是养殖的。

先不提肉质，讲究海水有没有受过污染，这种情形之下，新西兰的生蚝最为上等，澳大利亚的次之，把法国、英国和美国的比了下去。

说到肉的鲜美，当然首选法国的贝隆（Belon）蚝。它生长在有时巨浪滔天，有时平滑如镜的布列塔尼海岸。它的样子和一般的不同，是圆形的，从壳的外表看来是一圈圈的。它每年有两季的成长期，留下有如树木年轮般的痕迹，每两轮代表一年，可以算出这个蚝养殖了多久。

贝隆蚝产量已少，在真正淡咸水交界的贝隆河口的，更少之又少了。如有机会，应该一试。

一般人吃生蚝时滴辣椒仔（Tabasco）或者蘸辣椒酱，再挤柠檬汁淋上。这种吃法破坏了生蚝的原味，当然最好是只把蚝中的海水当作配料来吃，所以上等的生蚝一定有海水留在壳里，不吃干净不行。

hé tao　核桃

核桃，又名胡桃，有个胡字，顾名思义，是由外国进口，说是西汉时由张骞从西域带回来的，故又有另一个名字，叫羌桃，已少有人知道。

原产地应该是波斯，当今欧洲诸国种的都是波斯种。人工栽培后起变化，日本选心形外壳的，称之为姬核桃，外壳皱纹多的多数来自中国，平坦的是美国货。

树可长至数丈①高，果实初长时核还没变硬，全粒可食，但带酸味；成熟了外皮变硬，枯干后落地，露出核来。

核桃一般有乒乓球大小，壳也有厚薄之分。中国和美国是最大产地，皆种薄壳的，打开壳后就是果仁，有层薄皮包着，不必剥开，可以直接吃之。果仁形状像人脑，中国人一向认为以形补形，说对脑有益。核桃的阿富汗名字为 Charmaghz，是"四瓣之脑"的意思。

核桃的历史已有数千年，文字一早已有记载，是人类最原始、最珍贵的果仁。由于含大量的亚油酸，对身体有益。亚油酸又被称为美容酸，很受女士欢迎。

三大保健价值：健脑、降低胆固醇、益寿延年，核桃兼有，中外人士都把核桃当宝，但近年来核桃被误以为所含脂肪太丰富，很多想减肥的人都不再敢碰它了。

当成甜品，核桃糊是很典型的，将核桃仁炒过，再用石磨磨成粉煮的糖水，和用电器磨出来的截然不同。

中东人把大只的蜜枣剖开，中间夹了核桃，最为常见。他们也喜欢把核桃磨成浆，和酸奶一起吃。

西餐中用核桃的菜谱也不少，吃鱼吃肉时也把核桃糊当成酱汁。

在欧洲旅行，最常见的就是栗子树和核桃树了。坐在露天咖啡厅

---

① 1 丈约为 3.33 米。——编者注

里，时有核桃掉落，可以直接剥壳来吃，力大的人拿了两粒，用手一挤，互相压碎取仁。女士们请侍者拿核桃夹子来用。因普遍之故，夹子的设计款式多，细心收藏，也是品鉴食物的另一种乐趣。东方人少用夹子，被欧洲人取笑时，拿起餐巾，放几粒在中间，抓着四角，往石地一摔，壳即碎，赢得掌声。

hóng cōng tóu　红葱头

红葱头，广东人称之为干葱，英文名叫 Shallot。

它属于洋葱的亲戚，但味道不同。外国人都认为干葱没有洋葱那么刺激，比较温和，他们多数是将它浸在醋中来吃罢了。

其实红葱头爆起来比洋葱香得多，有一股很大的独特的味道，与猪油配合得天衣无缝，任何菜肴有了猪油炸干葱，都可口。

福建人、南洋人用干葱用得最多了。印度的国食之一 Sambar①，就是炆扁豆和干葱制成的。

别以为所有的外国人都食之不惯，干葱在法国菜中占了一席很重要的位置，许多酱汁和肉类的烹调，都以炸干葱为底。当然，他们是用牛油来爆的。

① Sambar 是一种汤，由豆类、蔬菜和香料制成。——编者注

干葱做的菜也不一定是咸的，烹调法国人的鹅肝菜时，先用牛油爆香了干葱，加上草莓酱或提子酱，再把鹅肝入镬去煎，能令鹅肝没那么油，吃起来不腻。

典型的法国 Bearnaise 酱汁，也少不了红葱头。

洋葱是一个头一个头生长的，干葱不同，像葡萄一样一串串埋在地下，一拔出来就是数十粒。

外衣呈红色，所以我们叫红葱头，但也有黄色和灰棕色的。剥开之后，葱肉呈紫色，横切成片，就能用油来爆。也有洋人拿它做沙拉来生吃，但没有煎过的香。如果要吃生的，不如就去吃洋葱，至少体积大，吃起来没那么麻烦。

潮州人最爱用的调味品之一，是葱珠油，用的就是干葱。煲鲗鱼粥时，有碟葱珠油来送，才是最圆满的。

我做菜时也惯用干葱，认为与蒜头相比有过之而无不及，尤其是和虾配得极好。但是如果嫌干葱太小，可以用长葱来代替。将长葱切段，用油爆至微焦，把虾放进去炒两下，再炆一炆，天下美味。

hóng dòu　红豆

红豆，又名赤小豆。原产于中国，传到日本，在欧美罕见。英美人反而用日文名 Azuki Bean，又误写为 Adsuki bean，皆因洋人不会发 Zu 的音，其实应该是 Azuki 才对。

人们常被王维的诗"红豆生南国，春来发几枝；劝君多采撷，此物最相思"迷惑了，但彼豆非此豆。王维所写的红豆，树高数十尺，长有长荚。这种暴长的红豆，壳硬，不能食。真正的红豆丛生于稻田中，收割了稻，秋冬期再种红豆；开黄色小花，很美。

之所以把红豆排在大豆后面，是因为红豆很受欢迎，所含营养超过小麦、山米和玉米，淀粉含量极高。自古以来中国人都知道它有药用，《本草纲目》的论述最为精辟，总结为红豆可散气，令人心孔开，止小便数。其他记录也表明有治脚气、水肿、肝脓等作用。西医也证实红豆有皂素（Saponin），能解毒。

在民间生活中，红豆只是用来吃的，不管那么多的医疗效用。最普遍的做法就是磨糊，成为众人所爱的红豆沙，是月饼中不可缺少的材料，包汤圆也非它不可。煮成红豆汤，更是最简单的甜品。

一碗平凡的红豆汤，要把烹调过程掌握好，才会美味。手抓一把红豆，可煲两三碗，洗净后在水中泡20分钟左右，半小时亦无妨。水滚了放红豆入锅，猛火煮5分钟，再放进砂锅中，中火焖上1小时，完成后再下糖。

从前的人很少接触到糖，一做红豆沙就多加糖，非甜死人不可。当今用糖量已逐渐减少，有些人运用葡萄糖和代糖，但失原味。

日本人把红豆当作吉祥物，混入米，煮出赤饭来，在过年也煲小豆粥来吃。他们的红豆沙，至今还是按照古法，做得很甜。

用大量的糖，配合糯米团煮出来的红豆，在日本叫"夫妇善哉"，甜蜜得很。

在日本，红豆的规格很严谨，直径4.8毫米以上的，才可以叫"大纳言小豆"，其他的只称之为普通小豆，北海道十胜地区的品种最好。

有一种比普通红豆大几倍的，叫"大正金时"，其实它不是大型红豆，是菜豆属的，不可混淆。

hóng luó bo　红萝卜

红萝卜又叫胡萝卜[①]，名字中有个"胡"字，可想而知是外国传来的。它原产于阿富汗，向西传到欧洲，向东由丝绸之路来到中国。那时候的种子颜色艳红，如今已罕见，日本还保留着，称之为"金时"。日本人也叫红萝卜为人参，两者相差十万八千里。

当今的红萝卜带橙黄色，是把欧洲的种子再次送来种出的。我们最常用来煲青红萝卜汤。这是广东人煲的汤中最典型的一种，以牛腱为材料，也可以用猪骨去煲。方太教过我下几片四川榨菜进去提味，效果不错。

汤渣捞出来吃，红萝卜带甜，小孩子喜欢。青萝卜就没什么吃头，做成四川榨菜则爽口得很，淋点酱油，可送饭。

外国人的汤中也放大量的红萝卜，他们的汤或酱汁分红的和白的，前者以西红柿为主，红萝卜为辅，配以肉类；后者则配海鲜，用奶油和

---

① 有一种主要产于我国东北地区的红皮萝卜，也被称为"红萝卜"，此处讲述的是多为橙黄色的胡萝卜。——编者注

白酒烹调而成。

红萝卜的叶子我们是不吃的，洋人也把它们混进汤中熬，本身没什么味道，不像芹菜那么强烈，也没白萝卜那么辛辣。

西餐中也常把红萝卜煮熟了，切块放在扒类旁边当配菜，是最原始的吃法。

中餐中的红萝卜做法也不多，当雕花的材料罢了，真是对不起红萝卜。

红萝卜做得最好的是韩国人，他们把牛肋骨大块大块斩开，再拿去和红萝卜一起炆，炆得又香又软熟时，红萝卜比牛肉更好吃。剩下的菜汁拿来浇白饭，也可连吞三大碗。

在中东旅行时，我看到田中一片片细小的白花，问导游是什么，原来是红萝卜花，相信很多人没看过。

红萝卜含大量的维生素，对身体有益。我们常用它来榨汁喝，不喜欢吃甜的人也可以接受，它甜得刚刚好，不惹人讨厌。如果要让味道有一点变化，在榨汁的时候加一颗橙进去，就没那么单调了。

我有一个朋友的脸色愈来愈难看，又青又黄，也没有生什么病，后来听医生说是红萝卜汁喝得太多引起的，不知道可不可信，但凡事过度总是不好，你说对吗？

hóng máo dān　红毛丹

红毛丹个子有鸡蛋那么大，红色，外壳生软毛。英文名为 Rambutan，源自马来文的 Rambut，是毛发的意思。原产于马来西亚，后移植到东南亚各国，尤其在泰国的素叻他尼府（Surat Thani）大量种植。每年 8 月，当地还举办红毛丹节。

红毛丹树可长至很高，叶茂盛，花极多，可达千余朵；在三个月后结果，初看绿色，成熟后转红。

剥开硬皮，就露出半透明的水果。差的品种很酸，果肉又黏着核，只有调皮的孩子才肯去摘取。目前吃到的红毛丹，多已改良成优秀品种，树较矮，以便采摘；果肉厚而甜，但有时也有黏住了核的外皮，很难除去，连着吃口感不佳，去皮又麻烦。

马来西亚和泰国的红毛丹罐头，去了红毛丹核，塞入一块菠萝。很奇怪的是，二者配合得极佳。

红毛丹和荔枝的肉，一个是椭圆形，一个是圆形，一看甚像，但吃入口是截然不同的两种味道，红毛丹的肉质较硬、较脆。二者都是略为冰冻后更可口。当成甜品，可加上龙眼，将两种不同的水果混合起来上桌，也甚有趣。

一棵果树，成熟后可分数次摘取果实。摘时可整穗摘，一共有十几颗；也可以摘下个别的，只要看见它们转红就是。通常三四天采收一次。各地区品种的成熟期都不一样，马来西亚的在 7 ~ 11 月，印度尼西亚的在 11 月到翌年 2 月，泰国的在 2 ~ 9 月，中国台湾地区的在 8 ~ 11 月。季节不对的时候，南半球的澳大利亚也有生产，故一年从头到尾都有红毛丹，当今已有冷冻技术，全年供应。

红毛丹的种子没有大树菠萝（菠萝蜜）那么好吃，但有脂肪，可当工业原料；也有人炒来吃，说味道有点像杏核。

在马来西亚也可以看到另一种红毛丹，壳长的不是细毛，而是一枝枝的深红色软角，当地人说是野生红毛丹，吃起来味道甚甜，但肉薄，核也特别大；生产量很少，在其他地方不常见。

hú jiāo　**胡椒**

香料之中，胡椒应该是最重要的吧。名字有个胡字，当然并非中国原产。据研究，它生于印度的南部森林中，为爬藤植物，寄生在其他树上。当今的都是人工种植，热带地方皆生产，泰国、印度尼西亚和越南每年产量很大，把胡椒价格压低到常人有能力购买的程度。

中世纪时，人们发现了胡椒能消除肉类的异味，欧洲人争夺，只有贵族才能享受到，更流传了一串胡椒粒换一个城市的故事。当今泰国料理中用了大量一串串的胡椒来炒咖喱野猪肉，每次吃到都想起这个传说。

黑胡椒和白胡椒怎么区分呢？黑胡椒是绿色的胡椒粒成熟之前，颜色变为鲜红时摘下，发酵后晒干，转成黑色的；通常是粗磨，味较强烈。

白胡椒是等它完全熟透，在树上晒干后收成的。去皮，磨成细粉，香味稳定，不易散失。

西餐菜上一定有盐和胡椒粉，但用原粒入馔的例子很少。中餐花样就多了，尤其是潮州菜，用一个猪肚，洗净，抓一把白胡椒粒塞进去，置于锅中，猛火煮之，猪肚至半熟时加适量的咸酸菜，再滚到全熟为止。猪肚原个上桌，在客人面前剪开，取出胡椒粒，将猪肚切片后分别装进碗中，再浇上热腾腾的汤，美味至极。

南洋的肉骨茶，潮州做法并不加红枣、当归和冬虫夏草等药材，只用最简单的胡椒粒和整个的大蒜炖之。汤的颜色透明，喝一口，暖至胃，最为地道。

黑椒牛扒是西餐中最普通的做法，黑胡椒磨碎后并不直接撒在牛扒上面，而是加入酱汁，最后淋上。

著名的南洋菜胡椒蟹用的也是黑胡椒。先用牛油炒香螃蟹，再一大把一大把地撒入黑胡椒，把螃蟹炒至干身上桌。绝对不是先炸后炒的，否则胡椒味不入蟹肉。

生的绿胡椒当今已被中厨采用，用来炒各种肉类。千万别小看它，细嚼之下，胡椒粒爆开，有种口腔刺激的快感。起初不觉得有什么厉害，后来才知死 ①，辣得要抓着舌头跳得极高。

我尝试过把绿胡椒粒灼熟后做素菜，刺激性减低，和尚、尼姑都能欣赏。

---

① 知死，指知道厉害。——编者注

H

huā jiāo　花椒

　　花椒拉丁文名为 Zanthoxylum bungeanum Maxim.，是中国人常用的香料。果皮暗红，密生粒状、突出的腺点，像细斑，呈纹路，所以叫作花椒；与日本的山椒，应属同科。

　　幼叶也有同样的香味，新鲜的花椒可以入馔，与生胡椒粒一样，干燥后的原粒直接拿来调味。磨成粉，用起来方便；也能榨油，加入食物。

　　自古以来，花椒和中国人的饮食习惯脱不了关系，腌肉、炆肉都缺少不了；胃口不好时，更需要它来刺激。

　　最巧妙的一道菜叫"油泼花椒豆芽"，先将绿豆芽在滚水中灼一灼，镬烧红加油，丢几粒花椒进去爆香；再把豆芽扔进镬，兜一兜，加点调味品，即能上桌。吃起来清香淡雅，口感爽脆，是孔府开胃菜之一。

　　另一道著名的川菜麻婆豆腐，也一定要用花椒粉或花椒油，和肉末一起炒；或加了豆腐最后撒上花椒粉也行。找不到花椒粉的话，可买日本产的山椒粉，功能一样，日本人是用来撒在烤鳗鱼上面的，鳗鱼和山椒粉配搭最佳。日本人也爱用酱油和糖腌制青花椒粒，别的什么菜都不吃，花椒粒味浓又够刺激，可以就着一碗白饭轻易吞掉，健康得很。

　　花椒很粗生，两三年即可开花结果。树干上长着坚硬的刺，可以用来做围栏，总比铁丝网优雅得多吧？

　　花椒油还可为工业所用，是肥皂、胶漆、润滑剂等的原料。花椒木质很硬，可制作成手杖、雨伞柄和用来雕刻艺术品。当成盆栽也行，叶绿果红，非常漂亮。

花椒又有其他妙用，据说古人医治耳虫，是滴几滴花椒油入耳，虫即自动跑出来。往厨房里的食物柜中撒一把花椒粒，蚂蚁就不会来了。油炸东西时，油沸滚得厉害，放几粒花椒进去降温。衣柜里，没有樟脑的话，放花椒粒也有一样的作用。

中国香港人只会吃辣，不欣赏麻。花椒产生的麻痹口感，要是能发掘的话，又是一个饮食天地了。

huā xiè　花蟹

花蟹，名副其实地在壳上有独特的花纹，活着的时候带着深褐色的纹理，熟了变成鲜红色，非常美丽。

在欧洲几乎看不到有人吃花蟹。其实它的分布范围很广，从中国到东南亚沿岸都能捕捉，经大洋洲到印度洋西部都能生长。香港人和内地游客一吃开，花蟹几乎绝种，目前在市场上看到的，多数是由外国进口的。

花蟹长在水深 10 ~ 70 米的沙泥底，和普通螃蟹大小一样的无肉，可弃之。吃就要吃大的，其可长至二三尺，愈大愈贵，肉并不会因大而粗糙。

除了中国人，还有少数的日本人会吃，他们把花蟹叫作缟石蟹（Shimaishigani）。缟，就是花纹的意思。

花蟹的壳，除了外壳和双钳，都不是很硬，有些厨子往往斩件了就上桌；如果能像日本人吃毛蟹一样，用快刀把较软的内壳割开，吃起来就方便得多。

花蟹肉清淡，有一股幽香，最著名的吃法就是潮州冷蟹了。将花蟹蒸熟后风干，挂在橱窗中，成了潮州餐厅的标志。

有信用的铺子卖的冻蟹，肉很充实。一看到瘦蟹，客人应有权退货，它吃起来不但肉少，而且有点苦涩，店家不能收客人那么多钱。

吃冻蟹要蘸带点甜的梅酱。甜与咸配合得那么完美，这也是奇才想出来的吃法。关于蒸法我有一心得，要让蟹腹向上，才能避免蟹脚跌落。

近年来，人们也发明了用蛋白和绍兴酒蒸花蟹的吃法，很受欢迎。吃完剩下的汁，还能用伊面去炆一炆，不必用其他配料，也是道上等菜。

潮州人也用普宁豆酱蒸花蟹。年轻厨子不懂，以为下豆酱就是，其实要加姜丝、麻油和蒜蓉才美味，上桌前撒红辣椒丝点缀。

也有金蒜焗花蟹的古方，将蟹洗净，斩件，蘸生粉，再将蒜蓉和面包糠分别炸至金黄。蟹半熟，放入沙煲再焗。往蒜蓉和面包糠中混入大地鱼末①，是秘诀。

---

① 大地鱼末，粤菜中常用的调味料，将比目鱼干磨成粉末制成。——编者注

huáng pí　黄皮

和荔枝一起出现的，是黄皮。

黄皮树一般长得和荔枝树一样高大，当今两种树都变种，矮小了许多。

这应该是完全属于中国的果树，连东南亚各国也没听到种植过，莫说西洋了。

《本草纲目》记载："出广西横州，状如楝子及小枣而味酸。"

酸，是黄皮的特征。树上长着一串串拇指般大的果实，皮黄，故名之。近闻有一股清香，这也是黄皮独有的。

也有甜黄皮，酸味极少；酸黄皮，酸味颇重；还有苦黄皮，只当药用。

所有酸的东西，中国古人都认为生津止渴。药用上，黄皮有清除胸腹胀满的功能。黄皮肉白、核绿色、极苦。若要用作食疗，据专家说，吃黄皮十余个，连皮带核，慢吞细嚼，自然气顺痰降，胸腹翳滞消除。平日有疝气者，当病痛发生时，照这个方法做亦行。

将黄皮腌盐，变得漆黑，味道又咸又酸，不是黄皮上市季节时，可在药材店购入，用碟载着，放在饭上，蒸后食之，效果与新鲜的相若。

黄皮为常绿乔木，嫩枝呈黄绿色，表面浓绿色，背面稍淡。叶面光滑，具有透明小油胞；为奇数羽状复叶。农历3月至4月开白色的小花，果实5月开始成熟，呈球形或卵圆形，表面黄色，生褐色短茸毛。

古人传说，黄皮的叶可以用来洗发，或作秃头生发剂。现在的药剂师不妨追寻研究，说不定会有奇迹。

说到奇迹，古人想不到的，是当今能种出无核黄皮来。

广东省郁南县建城镇人曾乃祯，在 1934 年开始在庭院中接枝，种出无核黄皮。仅存两棵，至今仍在，每年均开花结果。

通过这两棵母树，郁南县开始大量种植无核黄皮，从 20 世纪 90 年代至今已有 6 万多亩，经不断变种，无核黄皮粗生易栽，病虫害少，种植后 3 年即可生产果实，比从前的黄皮大。有种特甜的，很受海外水果商重视，他们纷纷下订单，如今已供不应求。

huáng yú　**黄鱼**

黄鱼亦叫黄花鱼，分大黄鱼和小黄鱼。和其他鱼类不同的是，它的头里有两颗洁白的石状粒子，游泳时用来保持平衡，所以日本人称之为石持（Ishimochi）。英国人称之为 White Croaker，可见不是所有黄鱼都是黄色的。

据老上海人说，在 20 世纪 50 年代，每年 5 月黄鱼盛产之时，整个海边都被染成金黄色。黄鱼多到吃不完，人们只好将其腌制，韩国也有类似情况，小贩把黄鱼晒干后用草绳吊起，绑在身上到处销售，成一活动档摊。此种现象我 20 世纪 60 年代末期还在汉城①街头看过，当今已绝迹。

---

① 韩国首都，现已改称首尔。——编者注

生态环境遭到破坏，加上过量的捕捉，导致黄鱼产量急剧下降。现在市面上看到的黄鱼多数是养殖的，一点味道也没有。真正鲜生的黄鱼又甜又鲜，肉质不柔也不硬，恰到好处，但其价格已达高峰，不是一般年轻人享受得起的。

著名的沪菜中，有一道"黄鱼两吃"。取一尺半大的黄鱼，肉红烧，头尾和骨头拿来和雪里蕻一起滚汤，鲜美无比。大一点的黄鱼，可三吃，多加一味起肉油炸的菜。

北方菜中的大汤黄鱼很特别，取鱼肚腩部分熬汤，加点白醋，鱼本身很鲜甜，又带点酸，非常惹味，同时吃肚腩中又滑又胶的内脏，非常可口。

杭州菜中有道烟熏黄鱼，上桌一看，以为制作过程非常复杂，其实很简单。把黄鱼洗净，中间一刀剖开，在汤中煮热后，拿个架子放在铁镬中，下面放白米和蔗糖。将鱼盛碟放入铁镬，上盖，加热。看到镬边冒出黄烟时，表示已经熏熟，即成。此菜天香楼做得最好。

一般的小黄鱼，手掌般大，当今可以在餐厅中点到，多数是以椒盐爆制。所谓"椒盐黄鱼"，是炸的美名，油炸后蘸椒盐吃罢了。见小朋友吃得津津有味，大赞黄鱼的鲜美，老上海人看了摇头，不屑地说："小黄鱼和大黄鱼根本不同种，不能叫黄鱼，只能称之为梅鱼。"

黄鱼的旧名为石首，《雨航杂录》记载："诸鱼有血，石首独无血，僧人谓之菩萨鱼，有斋食而啖者。"

中国人捕到河豚往往丢掉，日本人不爱吃黄鱼，传说渔船会在公海中互相交换，亦为美谈也。

H

火龙果是近年才流行起来的水果，最初来自越南，市面上见有一颗颗的果实，形状甚异，身上带着尖刺般的绿色软鳞叶，整颗果实颜色红得有点像假的。

一刀切半，露出灰白色的肉，有一点点像芝麻般大的小种子，试食之，淡而无味，虽然带点甜，但甜度不足，故流行不起来。

之后人们将其移植到海南岛、广西、福建等地，因其根系旺盛，吸水力强，具有很强的抗热、抗旱能力，且打理简单，无甚病害，修剪容易，省工省钱，成本很低，所以被大量种植起来，品种也发生了变化。

当今已有红皮红肉的火龙果出现，经过基因改造，已开始甜起来，但还是属于不上档次的水果。

火龙果原产于墨西哥及南美，英文名也用墨西哥名 Pitahaya，是仙人掌类的果实，外形较苹果大，比杧果小，长在三角形的柱状枝条上。当今人工栽培，多用架子让树枝蔓延。火龙果会开巨大的花朵，大花绽放时发出香味，可作观赏用，又给人吉祥的感觉，亦有名为吉祥果。

当今在高级水果店中，可以买到黄色的火龙果。肉白色，来自哥伦比亚，中国香港人美其名为麒麟金果，味道意想不到的甜美，和一般的火龙果相差十万八千里，价钱亦然。

廉价的火龙果，对人体健康的益处和哥伦比亚产的是一样的，主要含有一般水果少有的植物性蛋白质及花青素，维生素 C 含量又比很多水果高，并有胡萝卜素、钙、磷等物质。最普通的吃法是切开、剥皮后生吃，也有人将其榨成果汁。因其皮韧度够，形状又甚美，有些大厨把肉挖出来后，将火龙果汁和鱼胶粉制成啫喱，切粒，再装进果壳中上桌。这都是因为火龙果本身味淡而下的功夫，哥伦比亚的黄色麒麟金果，就怎么吃都行。

火龙果虽属仙人掌科，但它与真正的仙人掌长出来的果实不同，名字也各异。仙人掌果的英文名叫 White sapote，西班牙文名为 Zapote Blanco，产于墨西哥高原，皮有尖刺；也有些是平坦的，颜色并不鲜艳，像番薯；也有黄色的，切后见其肉是赤红色的；也有芝麻般的小种子，此果最甜，亦能酿酒，做果酱和雪糕，用处诸多。仙人掌果在墨西哥受欢迎的程度比火龙果高，二者不可混淆。

ji 鸡

小时候家里养的鸡到处走，我会趁它生的蛋还热烘烘的时候，戳个洞生食。客人来了，屠一只鸡做菜，真是美味。

现在我已很少碰鸡肉，理由很简单——没以前那么好吃了。这也绝对不是长大了、胃口改变的问题，而是当今的鸡大多是养殖的，其肉味如嚼蜡。

西餐中的鸡肉于我而言更是恐怖到极点，只有鸡胸肉，没有多少幻想空间。煎了、炸了整只吃还好，用手拿着吃是容许的。在西餐中，凡是禽类食材，都能用手拿着吃，这在中餐中反而失仪态了。西餐中做的土鸡，味道还是可以的。法国人架一口大锅，下面铺上洗干净的稻草，把抹了油和盐的鸡放在锅里，上盖，用未烤的面包封口，焗20分钟，就做成一道简单和朴素的菜，好吃极了。将做法变化一下，锅下铺甘蔗条，鸡上撒龙井茶叶，用玉扣纸封盖，也行。

在西班牙和韩国，大街小巷常有些铺子卖烤鸡，用个玻璃柜电炉，一排10只，10排左右，转动来烤，香味扑鼻。我明知道没什么吃头，还是会忍不住买下一只。拿回去，前两口很不错，再吃下去就单调得受不了。

四川人的炸鸡丁最可观，一大碟上桌，是看不到鸡肉的，它们完全被大量的辣椒干盖着，显得大红大紫；拨开了，才看到那么一点点的鸡肉，叫它炸鸡丁很贴切。

外国人吃鸡，喜欢用迷迭香配搭，我总认为味道怪怪的。我们吃鸡，爱以姜葱搭配，洋人也吃不惯，道理相同。

鸡的做法各有各的精彩，谈起鸡不能不提海南鸡饭。这是南洋人发扬光大的，在海南岛反而不常吃到像样的。这道菜基本上源自白切鸡，将鸡烫熟即可；把烫后的鸡油汤拿去炊饭，饭就更有味道了。黑漆漆的酱油是这道菜的精髓。

日本人叫烤鸡为烧鸟。在烧鸟店中，最好吃的是烤鸡皮，又脆又香，和猪油渣异曲同工。

近年在珠江三角洲有很多餐厅卖各式各样的走地鸡，餐厅老板把它们放在一个玻璃房中，任君选择。

jiāng 姜

在菜市场中看到应季的姜，肥肥胖胖的，很可爱；摆久了缩水，变得干干瘪瘪的。所谓姜是老的辣，可真的能辣出眼泪来。

还没成熟就挖出来吃的，叫仔姜，可当蔬菜来炒，原则上要加点糖，才能平衡仔姜的微辣。用糖调制之后切成片，配溏心的皮蛋吃，天下美味也。

吃寿司时师傅也给你一撮仔姜片，有些人拿来送酒，其实作用是清除味道。每吃一道新的鱼生，都不能和上一道吃的混合。

姜是辟腥的良物，凡是有点异味的食材碰到了姜，都能化解。煲海鲜汤少不了姜，蒸鱼也可以来点姜丝。别以为它只是对鱼类有效，炒牛肉时用姜汁来渍一渍，它的酵素也能令肉类柔软。连对蔬菜都管用，炒芥蓝用姜粒能使菜色更绿，姜也可以把芥蓝的味道带出来。

姜有一层皮，用刀难削。我看过一个家庭主妇刨姜，那么大的一块，最后刨完只剩下一小条。最好的办法是拿一个可乐或啤酒瓶的铁盖来刮，连缝里的皮都能刮个干干净净，而且一点也不浪费，下次你不妨试试看。

但是有时留下皮，样子更美，也让人感觉吃了比较有功效。像做伤风感冒时喝的姜茶，就要留皮。用一块姜，洗净后把刀摆平，大力一拍，把姜拍成碎状，就那么煮 10 分钟，加块片糖，比什么伤风药都好用。反正大多数伤风药都医不好伤风，不如喝姜水，让喉咙舒服一点。

我最初接触到的糖姜，产自中国。小孩子对姜的那种辛辣并无好感，但那个装姜的瓷罐的确漂亮，人们也容易被它吸引而吃姜。

糖醋猪脚姜听说是给坐月子的妇女补身的，但是我的至爱。姜已煲得无味，弃之则可，但猪脚和鸡蛋那叫一个好吃。

海南鸡饭少不了姜蓉，如果看到没有姜蓉跟着上的，就不正宗了。

最后不得不谈的是姜蓉炒饭，把姜拍碎后乱刀剁之，做成细腻的姜蓉；隔着一块白布，把姜汁挤出来扔掉。姜蓉炒饭是名副其实地只用姜蓉，如果贪心把姜汁加进去炒，就不香了。

jiāng dòu　豇豆

豇豆，闽南话叫菜豆仔，真名鲜有人知。它的英文名为 Yardlong

Bean，长起来有一码之故①；又叫芦笋豆（Asparagus Bean），但和芦笋的身价差了十万八千里。

豇豆的原产地应该是印度吧。有浅绿色肥大的和深绿色瘦小的，我也看过白皮甚至于红皮的豇豆。

豇豆叶呈卵形，开蝶形花，有白、浅黄、紫蓝和紫色数种颜色。它为蔓性植物，爬在架上，也有独立生长的种。从树干上挂着一条条的豆荚，瘦瘦长长，样子没有青瓜那么漂亮，也不可爱。

豇豆的吃法显然也比青瓜少。豇豆味臭青②，很少有人生吃，除了泰国人。泰国菜中，用豇豆蘸着紫色的虾酱，异味尽除。细嚼之下，还真的值得生吃。那虾酱要是舂了一只桂花蝉进去，更香、更惹味，但是酱的颜色和味道却相当恐怖。

因为豇豆里面的果仁很小、很细，不值得剥开来吃，所以我们都是把整条切段，再炒之。

最普通的做法是把油爆热，放点蒜蓉，然后将豇豆炒个七成熟。上镬盖，让它焖个一两分钟，不用镬盖的炒出来一定不入味。

和什么一起炒？变化倒是很多，猪肉碎最常用，放潮州人爱吃的橄榄菜去炒也行。把虾米舂碎后炒，最为惹味。

印度人拿豇豆去煮咖喱，干的或湿的都很可口，这种做法传到印度尼西亚和马来西亚，当地人加入椰浆去煮烂，更香。

最爱吃豇豆的，莫过于菲律宾人。可能他们煮时下了糖，烹调出来

---

① Yard 有"码"的意思。1 码等于 3 英尺，约为 0.91 米。——编者注

② 臭青，粤语，指生青菜的味道。——编者注

的豇豆多为黑黑的，不像我们炒得绿油油的那么美观。

虽然很少有人生吃豇豆，但是在滚水中涮一涮，也不失其爽脆和碧绿。用这方法处理后，就可以和烹调青瓜一样加糖、加盐、加醋，将其做成很刺激胃口的泡菜。

豇豆的营养成分很高，不必一一说明，最宜做给小孩子吃，可助牙齿和骨骼生长。西洋人不会吃豇豆，故煮法少了很多。

jiàng yóu　酱油

用酱油或原盐调味，后者是一种本能，前者则已经是文化了。

中国人的生活离不开酱油。用黄豆加盐发酵，制成的醪是豆的糨糊，日晒后榨出的液体便是酱油了。

最淡的酱油，广东人称之为生抽，东南亚一带则叫酱青；浓厚一点的是老抽。更浓的壶底酱油，日本人叫作"溜"（Tamari），是专门用来蘸刺身的。加淀粉后成为蚝油般的，中国台湾地区的人叫豆油膏。广东人有最浓、最稠的"珠油"，听起来好像猪油，其实是由浓得可以滴成珍珠状而得名的。

怎么买到一瓶好酱油？完全看你的个人喜好，有的人喜欢淡一点的，有的人爱吃浓厚些的，更有人感觉带甜味的酱油最美味。

一般的酱油，生抽的话"淘大"已经不错；要浓一点，珠江牌的"草菇酱油"算很上等的了。

求香味，"九龙酱园"的产品自然很高级，我们每天用的酱油分量不多，贵一点也不应该斤斤计较。

烧起菜来，中国酱油滚热了会变酸，日本的酱油则没有这个问题。用日本酱油加上日本清酒烹调肉类，味道极佳。

老抽有时是用来调色的，一碟烤麸，用生抽便引不起食欲，非老抽不可。中国台湾地区产的豆油膏，最适宜蘸白灼的猪内脏。如果你遇上很糟糕的点心，叫伙计从厨房中拿一些珠油来蘸，再难吃的也变好吃了。

去欧美最好带一盒旅行用的酱油，如万字牌的特选丸大豆酱油，长条装，每包5毫升，各日本高级食品店有售。带了它，吃早餐时在炒蛋上淋一两包，味道好到不得了，乘邮轮时更觉得它是良物。

小时候吃饭，餐桌上会传来一阵阵酱油香味；现在酱油大量生产，已久未闻到，我一直找寻此种失去的味觉，至今难觅。我买过一本叫《如何制造酱油》的书，我想总有一天自己做，才能实现愿望。到时候，我一定把那种美味的酱油拿来当汤喝。

jiè là 芥辣

到西餐厅去，食物上桌，侍者拿来几款芥辣（芥末），问道："要法国的还是英国的？"

一般来说，英国芥辣才够味，它是用纯芥辣粉调制的；而法国芥辣较香，如果不把芥籽的皮磨掉，从外表看来，它还带一点点黑色。法国芥辣混了酒、糖、醋，所以辣度不足，吃不出瘾来。

最初用芥辣来调味的是埃及人，后来罗马人也用上了。中世纪时它在欧洲流行起来，最后才传到中国吧。

旧茶楼桌上一定摆着一碟东西，一边黄一边红，就是芥辣和辣酱了，可见芥辣也是很受中国人欢迎的。

西餐中那么大的一块牛扒，吃来吃去都是同一个味道，单单加胡椒是不够的，所以多出一种芥辣来。英国菜当然做得没有法国菜那么好，但是说起芥辣，还是英国最常见的 Colman's Mustard 牌子的芥辣味道够呛。

德国人最喜欢吃的香肠没有了芥辣也不行。将其加进热狗之后，连美国人也爱上了，把芥辣装进尖口的大塑料容器中，一挤就是一大堆，不攻鼻不给钱。

辣椒，日本人叫作"唐辛子"（Togarashi），是从中国传过去的；芥辣则叫作"洋辛子"（Yogarashi），是从西洋传过去的。日式关东煮（Oden）一定要加芥辣。日本人所谓的中华料理的炒面，也是在乱炒一番后，再下大量的芥辣才吃得进口。

虽然广东茶楼中摆着"辣芥"碟，但是广东菜中用芥辣的反而不多。爱吃芥辣的是北方人，他们的凉菜拌粉皮就要淋上兑稀了的芥辣汁。

北京的地道小食中有一种叫"白菜墩"的，是把白菜过一过滚水，然后揉上大量的芥辣和一点点糖制成的，很刺激胃口。单单用此道菜来送二锅头，亦心满意足。

起初还以为欧洲人的芥辣只有英式和法式的两种，后来我去了匈牙利布达佩斯，一早跑去菜市场，见小贩在卖香肠，一大条 10 港元左右，但芥辣不奉送，另卖。芥辣千变万化，有不下数十类，一角一种，每种要一点，用报纸包着，吃得不亦乐乎，甚至忘记香肠是什么味道了。

芥蓝

芥蓝，名副其实是和芥菜同科，特色是带了一点点的苦涩味。

这也是一种万食不厌的、最普通的蔬菜。不能生吃，要炒一炒，至少要用滚水灼一下。

和其他蔬菜一样，芥蓝天气愈冷愈甜，热带地方种的并不好吃。西方国家很少看到芥蓝，最多是芥蓝花，味道与芥蓝完全不同。

在最肥美的深秋，吃芥蓝最佳。用水一洗，芥蓝干脆得能折断，烫熟加蚝油即可。

炒芥蓝有点技巧，先放油入盐，油冒烟时，加点蒜蓉，加点糖，油再冒烟就可把芥蓝扔进，兜几下就行，记得别炒得过老。过程中洒点绍兴酒，添几滴生抽，即成。

潮州人喜欢用大地鱼干去炒，更香。制法和清炒一样，不过要先爆香大地鱼干。

看到开满了白花的大棵芥蓝时，可以买回来焖排骨。架个大锅，用熟油爆蒜头和排骨，加水，让它煮 15 ~ 20 分钟；把大芥蓝整棵地放进去，再焖 15 ~ 20 分钟即成，过程中放一汤匙宁波豆酱，其他什么调味品都不必加，炆后自然甜味溢出，咸味亦够了。

枝和叶用来焖，把最粗的干留下。撕开硬皮，切成片，以盐揉之，用水洗净，再倒鱼露并加一点点糖去腌制，第二天就成为泡菜，是送粥的绝品。

餐厅的大师傅在炒芥蓝时，喜用滚水煮一煮，再去炒。这种做法令芥蓝味尽失，绝对不可照抄。芥蓝肥美时很容易熟，不必渌水。

把芥蓝切成细条，用来当炒饭的配料，也是一绝，它比青豆更有味道。

和肉类一起炒的话，芥蓝与牛肉的搭配最合适，猪肉则显得格格不入。牛肉用肥牛亦可，也可以叫肉贩替你选块包着肺部的"封门腱"切片来炒，味道够，更有咬头，又甜又香。

冬天可见芥蓝头，圆圆的像粒橙，大起来有柚子那么大。削去硬皮，把芥蓝头切成丝来炒，看样子不知道是什么，还以为是生炒萝卜丝或薯仔丝之类，入口芥蓝味十足，令人惊奇。我不能死板地教你炒多久才熟，因为各家的镬热度不同，多试两次，一定成功。

jú zi　**橘子**

橘子 ①，洋名为 Calamansi，味道绝对与柠檬不一样，也与贺年的金桔不同。它呈圆形，像颗迷你泰国甜橙，如鱼蛋般大。

---

① 此篇所讲的"橘子"又称四季橘、卡曼橘。——编者注

橘子的原产地应该是菲律宾，该国用橘子做菜的例子最多。从菲律宾传到马来西亚，马来菜也很着重以橘子调味。马来西亚一带一流行，新加坡人也跟着喜欢了。除了这些国家，很少见其他地方的人用橘子做菜。星马①人多移民到澳大利亚，到了珀斯和墨尔本，偶尔也会见橘子。

味酸，是橘子的特色；它有一股清香，在柠檬之中找不到。它很粗生，乡下人都在院子中种几棵，下种子后由它自生自灭，一两年后树就长至3英尺左右，上面生满橘子，至少有上百颗之多。

橘子的外皮呈深绿色，切开之后是黄色的肉，并有许多种子；挤出来的汁也是黄色的。挤橘子汁时要横切，依果实内瓣直切的话，就很难挤出汁来。

拿个小铁网，把种子隔开，挤出来的汁加入冰水、白糖，就可以直接喝了。这是菲律宾和马来西亚最普通的一种饮料。

很奇怪的是，橘子并没传到泰国、老挝或柬埔寨去，所以在中国香港的泰国杂货店中也找不到它，泰国人做的菜中也不见橘子，只有菲律宾、马来西亚、新加坡等地采用，炒一碟贵刁或来碗叻沙，碟边一定奉送半颗橘子，让你挤汁。凡是用到醋的地方，这些国家的人都会用橘子代替，它的酸性厉害，绝不逊于醋。

最佳饭前菜，是把虾干浸软后剁烂，加虾膏、舂碎的猪油渣和指天椒，最后撒白糖，淋大量的橘子汁进去，甜酸苦辣，聚在一堂。

橘子肉用处不大，皮倒是上等的干湿货，有如嘉应子般被当地人喜爱。

---

① 星马指的是新加坡和马来西亚。——编者注

　　有种做法是摘下橘子，把一个陶瓮倒翻，露出粗糙的缸底，抓住橘子在上面磨，磨去皮上酸涩的部分。这时，把整颗橘子割四刀，压扁，去掉肉和种子。加糖腌之，晒干后便可进食，味道十分甜美，百食不厌。这种橘子干可在马来西亚吉隆坡的街头巷尾买到，价钱非常低廉，多数是在马来西亚怡保制造的。

kāi xīn guǒ　开心果

开心果，法文名为 Pistache，英文名为 Pistachio，又叫绿杏仁（Green Almond），果仁的外皮呈绿色之故。

像荔枝一样，开心果也是一年丰收，一年减产的。五六尺的树苗长至二三十尺的树，树龄可高达 150 年。开心果树雌雄异体，靠风和昆虫传播种子，一年最多可收成两季。一团团黄色或桃红色的果实长在树干上，成熟后裂开，露出白色的硬壳，农民敲打或用机器收集它，将其去皮晒干，浅黄色的硬壳再度裂开，里面的绿果仁经烘焙即可食之。因裂壳之故，中国人将它取名为开心果，翻译得实在巧妙。

开心果的原产地在中东，公元前 7000 年它已被广泛种植，后由罗马人传到地中海各国，凡是干燥的土地，像伊朗、土耳其、叙利亚等，都适宜其生长。从前开心果卖得很贵，由 20 世纪 50 年代开始在美国加利福尼亚州大量种植，澳大利亚人跟着，中国南部也有种植，价钱就压得很便宜了。但在众多果仁之中，开心果、腰果和松仁，还被认为是贵族，比较起花生，它贵出三四倍来。

开心果极有营养，好处数之不尽。

到了中东，到处可见开心果树，树上的开心果外形有点像橄榄。果仁也有多方面用处，著名的糖果，像"土耳其喜悦"，就加了开心果仁。

其他甜品中也少不了它，有种像中国花生糖的，是将糖浆和果仁混在一起烘干后切片，香味当然比花生浓，颜色也好看，像翡翠般碧绿，惹人垂涎。

制成雪糕，亦闻名。开心果冰激凌要比普通的杏仁雪糕贵得多。

用在煮食方面，多数是把开心果打成浆，将其和其他香料混合，淋在肉类和鱼上面。印度的种种烹调，高级的也用了很多开心果。

试将开心果入中菜，做法也千变万化，像蒸鱼的时候，如嫌用豆豉太单调，就可以把开心果酱混入。开心果酱用来煮担担面，也好吃过花生酱。甜品方面，开心果酱、开心果冻等，都好吃；当斋菜的配料，更是一流。

kǔ guā 苦瓜

苦瓜，是很受中国人欢迎的蔬菜。年轻人不爱吃，愈老愈懂得欣赏，但有时人一老，头脑容易僵化，甚至有些迷信，觉得苦字不吉利。广东人又称之为凉瓜，取其性寒、消暑解毒之意。

苦瓜的种类很多，有的皮光滑带凹凸，颜色也由浅绿至深绿，中间有子，熟时见红色。

苦瓜的吃法多不胜数，近来大家注意健康，认为生吃最有益，直接榨汁来喝，愈苦愈新鲜。台湾人种的苦瓜是白色的，叫白玉苦瓜，榨后加点牛奶，全都是白色。街头巷尾皆见小贩卖这种饮料，像香港人喝橙汁那么普遍。

广东人则爱生炒，就那么用油爆之，蒜头也不必下了。有时加点豆豉，很奇怪的是，豆豉和苦瓜配合甚佳。牛肉炒苦瓜也是一道常见的菜，店里吃到的多是把牛肉泡得一点味道也没有的，不如自己炒。在街市的牛肉档买一块叫"封门柳"的部分，请小贩为你切为薄片，油爆热后先兜一兜苦瓜，再下牛肉。见肉没有血水，即刻起镬，大功告成。

用苦瓜来炊别的东西，像排骨等也上乘。有时看到有大石斑的鱼扣，可以买来炊之。鱼头鱼尾皆能炊。比较特别的是炆螃蟹，尤其是来自澳门的奄仔蟹。

日本人大多不会吃苦瓜，但受中国菜影响，很多冲绳人都爱吃。那里的瓜种较小，外表长满了又多又细的疙瘩，呈深绿色。它的样子和中国苦瓜大致相同，但非常苦，冲绳人把苦瓜切片后用来煎鸡蛋，是道家常菜。

最近一些所谓的新派餐厅，用话梅汁去生浸苦瓜，甚受欢迎，皆因话梅是用糖精腌制的。凡是带糖精的东西都可口，但多吃无益。

也有人创出一道叫"人生"的菜，先把苦瓜榨汁备用，然后浸蚬干，切碎酸姜角，最后下大量胡椒，打鸡蛋，加苦瓜片和汁蒸之。上桌的菜外表像普通的蒸蛋，一吃之下，甜酸苦辣皆全，故名之"人生"。

炒苦瓜时，餐厅大师傅喜欢先把苦瓜在滚水中烫过再炒，苦味尽失。故有一道菜的做法是把苦瓜切片，一半过水，一半原封不动，一起炒之，菜名为"苦瓜炒苦瓜"。

là jiāo **辣椒**

辣椒，古人叫番椒，中国台湾地区的人称之为番仔椒，显然是进口的。中国人种植后，日本人在唐朝学到，称其为唐辛子。

辣椒的原产地应该是南美洲，最初欧洲人发现胡椒（Pepper），感到惊艳，要找更多种类；看到辣椒，也拿来充数，故辣椒原名 Chile，也被称为红色胡椒（Red Pepper）。

辣味来自辣椒素（Capsaicin），有些人以为内瓤和种子才辣，其实辣椒全身皆辣，没有特别辣的部位。

怎样的一个辣法？找不到仪器来衡量，只能用比较的方法。如果从 0 ~ 10 计算辣度的话，灯笼椒或用来酿鲮鱼的大只青椒，辣度为 0；我们认为很辣的泰国指天椒，只不过 6 度；天下最致命的，是前面提到的迷你灯笼椒（Habanero），它才能达到 10 度的标准。

Habanero 是"从夏湾拿来的"的意思，现在这种辣椒已被移植到世界各地，澳大利亚产的尤多，外表像迷你型的灯笼椒，有绿、黄、红、紫等颜色；样子可爱，但千万不能受骗，用手接触切开，也会被烫伤。

此椒已经够辣了，被提炼成辣椒酱的 Habanero，辣度更增加至十倍乃至百倍，通常是被放进一个木头做的"棺材"盒子出售，购买时要签生死状，此为噱头。

四川人无辣不欢，但生产的辣椒并非太辣，绝对辣不过海南岛种植的品种。

韩国人也嗜辣，但他们的菜比起泰国菜来还是小儿科。星马、印度尼西亚、缅甸、柬埔寨、老挝等地的咖喱辣度，也不能和泰国的比。

能吃辣的人，细嚼指天椒，能分辨出一种独特的香味，层次分明，是其他味觉所无的，怪不得爱上了会上瘾。

辣椒的烹调法太多，已不能胜数。洋人不吃辣，这是个错误的观念。美国菜中，最有特色的是辣椒煮豆，到了美国或墨西哥，千万别错过；也只有在那里吃到的，味道才最为正宗。

很少人知道，辣椒除了食用，还可拿来做武器。泰国大量生产的指天椒，就被美国国防部买去制造催泪弹。辣椒粉进入眼睛，可不是玩的。

lǐ yú 鲤鱼

鲤鱼，是池塘中最普通的一种鱼类。

广东人也不大吃鲤鱼，最常见的做法是姜葱焗鲤。鲤鱼经过那么一"焗"，鲜味尽失，有些人还觉得有股土腥味，所以鲤鱼在珠江三角洲和香港地区始终流行不起来。

到了潮州，鲤鱼的吃法就多了起来。潮州人讲究吃鲤鱼还是吃雄的好，因为鲤鱼肉虽然普通，但是鱼子特别美味，而鱼子之中，精子又比卵子好吃。

选鲤鱼时，怎么看得出有没有子呢？怎么看得出是公的还是母的呢？

这很容易，肚子凸出来，腹满的，就是有子的鱼。公的话，肚子较尖；肚子圆的话，就一定是母的了。从前卖鲤鱼的小贩很残忍，说是公的就是公的，你不相信吗？小贩用手一挤，把鱼肚中的精子挤一点出来给你看看，好在鱼没有神经线，感觉不到痛楚。

潮州人过年时，一定喝酸梅鲤鱼汤，他们把鲤鱼肉煮得很老，但出味。汤鲜甜，带酸，刺激胃口；他们着重吃鱼子，鱼子又爽脆，是一道快要失传的菜；过年时人们吃卵不吃精，拣鱼的时候选卵多的，愈多愈有好彩头。

日本人吃鲤鱼，叫"洗"（Arai），即生吃。把鱼的骨劏[①]开，将肉切成薄片，然后扔在冰水之中；经冰一冻，肉变成白色，收缩起来，成皱皱的一片片。把肉蘸着梅子酱来吃，是高级怀石料理中一道完美的菜。

韩国人也吃鲤鱼，他们把鱼煎一煎，放大量的葱蒜和辣椒膏，加萝卜叶和一种味道很古怪的水芹香菜，放在火炉上滚，愈滚愈出味，非常好吃。韩国人吃鲤鱼，不分公或母，有没有子也不在乎。

至于锦鲤，是否可吃？答案是肉质一样，可以照吃。在印度尼西亚，锦鲤到处都是，并不名贵。当地人把一尾锦鲤抛进一个大油锅中炸，盖上盖，任它滚动；炸后捞出，待冷，再翻炸。这样一来整条鲤鱼连骨头都酥了，可以由头至尾都吃得干干净净，连肚也不用剖了。吃时用一个石臼，舂大量的蒜头、葱和虾米，加糖和青柠汁。把鲤鱼蘸石臼中的酱来吃，口感非常刺激。

[①] 劏，方言，意为宰杀、解剖。——编者注

lì zhī **荔枝**

荔枝是最具代表性的中国水果，外国人初尝，皆感到惊艳，大叫人间岂有此等美味。它没有洋名，人们只以音译的 Lychee 称之。

数不尽的传说和诗歌赞美过荔枝，已不赘述。但不能忘记的是"一颗荔枝三把火"这句古语，不然要患荔枝病。荔枝病原来是种"低血糖症"，该果实中含有大量果糖，被胃血管吸收后，必须由肝脏的转化酶变为葡萄糖，才能被人体利用。如摄食过量，人体内改造果糖的转化酶负荷不起，不能转化葡萄糖时，毛病就产生了。

医治方法是糖上加糖，补充些葡萄糖则可，不必太过介怀。

荔枝的品种很多，最早上市的是妃子笑，于 5 月末至 6 月初上市，果实皮带绿色，身价低贱，很多人以为都是酸的，但有些也很甜，核也小。

和妃子笑同时生产的，有种很大颗，比普通荔枝大一两倍的，广东人叫它"掟死牛"，那么大的一颗，掷向牛会致命的意思。此种荔枝才是真正的不好吃。

紧跟着上市的是糯米糍，它的口感最甜，核有时薄如纸，但有些人嫌它一味是甜，没什么个性。

让人欣赏的是桂味，香味重，肉厚，核则时大时小。

最具盛名的是挂绿，产于增城，最老的那两棵树已用铁栏杆围在城壕般的水道之中。母树接枝出来的挂绿子子孙孙，用高级盒子装着，两个一盒，卖得很贵，但有些果子竟然是酸的。

荔枝可入馔，用猪肉、牛肉炒之，皆宜；又能去核，塞之以碎肉，煎之蒸之。但一般都是把它当成水果吃，也装进罐头卖。

当今荔枝除了岭南，也在海南岛、福建、广西、四川、云南和台湾大量种植，东南亚则以泰国等地最为茂盛。孟加拉国和印度皆产荔枝，其分布范围远至美国夏威夷州和佛罗里达州。

从前只有夏天才能看到荔枝，当今冬天它也在水果店出现，来自地球另一面的大洋洲。起初种植，皮易变黑，亦不甜；如今已变种，不会有这种情形，愈来愈美。

荔枝的特点是一年多，次年少，一年隔一年。应季的那年，生产过剩，熟了掉地，也没人去捡，农夫养的走地鸡食之。天下鸡，以此种最美。

li zi 栗子

我们和栗子的接触，始于糖炒吧？

老一辈食客总怀念此事，我们没机会尝到那些优雅时代的小食，只记得在中国香港尖沙咀厚福街街头，有位长者卖栗子，将炒得热烘烘的空气灌满栗子，拿起一颗表演，摔在地上，即刻像原子弹爆炸那般四面散开，爆发得无影无踪。

所谓糖炒，其实是石炒，石子本应该用盛产砂锅的斋堂石砾流沙，据说它不吸收糖分，也不黏蜜。但我们看到的小贩，用的只是普通的石头，多年来被炒得变圆倒是事实。

旧时人们吃糖炒栗子，会将其装进右边口袋，再将吃完的壳装入左边口袋。说是不黏手，也总是黏糊糊的，当年衣服又不是每天洗，真有点脏相。

我在欧洲旅行时，看到小贩卖栗子，是在中间剁开一刀后将其拿到火炉上烤，烤熟后剥壳食之。我笑称此法原始，欧洲女性朋友问我："那你们是怎么吃的？"我回答说用石头来炒，她手击我脑，说我骗人。

吃糖炒栗子，最恼人的是它有层难剥的衣，衣有细毛，吃了嘴中也沾毛。又常吃到败坏的，那阵味道真是古怪透顶。

我吃栗子，学不会洋人做蛋糕吃，最多只买几瓶糖水渍的来吃。

通常，我会用栗子来煮汤。选西施骨①，这个部分比排骨甜；再挑肥美的玉米，味甜；最后预备10粒栗子，煲两小时而成。那碗汤，甜上加甜又加甜，也不腻，天下美味也。

把栗子煮熟后，用长方形菜刀一压，再拖一拖，即刻变出栗蓉来。加猪油膏烧，最后别忘记把干葱炸得微焦加进去，亦为仙人羡慕的美食。

有时也把栗子和芋泥一块烹调。将它们装进一个碗，一边芋泥加糖，呈紫色；另一边用盐烧黄色栗蓉，再蒸之，翻碗后入碟。若加绿色的豌豆酥，更是缤纷。

可以把这种做法告诉欧洲女性朋友。她们不相信？烧给她们吃，吃后她们心服口服。

---

① 西施骨即猪的肩胛骨。——编者注

L

lián ǒu　莲藕

四季性的莲藕可随时在市场中找到，是一种做法变化多端的食材。

日本人称之为莲根，洋人叫作 Lotus Roots，其实与根无关，它是莲的茎。莲藕是一节节的，中间有空洞。

莲藕不温不燥，对身体有益。池塘有莲就有藕，产量多的地方，像西湖等地，过剩了还把莲藕晒干磨成粉，食用时用滚水一冲，成糨糊状，加点砂糖，非常清新美味，是种优雅的甜品。

原始的吃法是生吃，搅成汁亦可，和甘笋混起来，便是杯完美的鸡尾汁。

将莲藕去皮，切成长条或方块，用糖和醋渍它一夜，翌日就可以将其当泡菜下酒。

拿来红烧猪肉最佳，莲藕吸油，愈肥的肉愈好吃。有时和笋干一起炆，笋韧藕脆，同样入味，是上乘的佳肴。

剁碎了和猪肉混在一起，煎成一块块的肉饼，这是中山人的拿手好菜。

清炒也行，用猪油去炒才能发挥出味来。吃时常拔出一条条细丝，藕断丝连这句话就是从这里来的。

通常我们是直切的，使其露出一个个洞来。这时先把头尾切开，看洞的位置，将洞与洞之间割两刀，割成像左轮手枪的形状，再直切之，就会有很美丽的花样出现。

有时拿莲藕切片腌糖，晒干了它就会变为简单的甜品。复杂起来，塞糯米入洞，再用糖来熬，要不就一个洞酿糯米，一个洞酿莲蓉，扮相更为优美。如果你再加绿豆沙、豌豆蓉的话，那么就可以制成色彩缤纷的莲藕。

如果将莲藕直切，就看不到洞了。切为细条，和豆芽一块儿炒，包你吃到了也不知是什么做的。

最后，别忘记广东人经常煲的八爪鱼干莲藕汤，两种食材煲起来都是紫色，广东人喝了叫好，外省人的倪匡兄大喊暧昧到极点，不肯喝之。

lián wù　莲雾

莲雾原产于马来半岛，当地人叫作 Jambu，17 世纪时其由荷兰人引进中国台湾地区，人们根据它的原来发音安上莲雾这个名字，甚凄美。

查台湾地区的农产品介绍网，说它的英文名为腊苹果（Wax apple），其实不对，俗名应叫作玫瑰苹果（Rose apple）才正确。

中国南部气候较热的地方亦可见，并非种植来收成，多是弃种子野生的，叫作蒲桃或番果。香港亦有零零星星的蒲桃树，3 月左右开白色的细丝花，有香味，到五六月结果，圆形，淡绿色，里面有颗种子，摇晃起来咚咚有声。气味甚香，果肉甜，但经过果树者皆不敢采摘，传说生了很多虫，这都是生活水平渐高的现象，从前的小孩子照摘来吃。

莲雾移植到台湾地区后，可谓发扬光大，被当成水果工业来大量种植。本来它的结果期就短，又易烂，在原产地的南洋只摘野生者贩卖，不成气候。但是台湾农业研究者改变它的生殖方法，使产期延长，花期增加，年达五六次，果实成长为五代同堂。

这时，果实从外状到肉质都起了变化，本来是粉红色的，渐成深红、暗红。肉的质地愈来愈脆，甜度逐渐增加。

到最后，出现了珍贵的"黑珍珠"品种，售价惊人。后来，在台湾地区的高雄市更培植一些可以与"黑珍珠"匹敌的品种，被称为"黑钻石"；但它很少出口，多被台湾地区的有闲阶级吃光。运出售卖的，外貌漂亮，味道已带酸了。

还是原来长在马来西亚或新加坡的 Jambu 可爱，它不是一个个生的，而是一大串数十粒，呈粉红色，外表幼滑得像初生婴儿的皮肤。十棵果树之中有九棵长出来的果是酸的，偶尔吃到甜者，可直接伸手上去摘来吃，味道天然，并非台湾地区的莲雾可比的。

遇到酸的，摘下后洗净，切半，除去果肉的硬核，放在冰上。从厨房找到黑酱油，倒入碗中，再撒大量的白糖。若有红色辣椒，切丝拌之，拿来蘸莲雾，甜酸苦辣。不懂得欣赏的人看到了，认为吃法野蛮。

做西餐时，把莲雾切丝，混在蔬菜之中当沙拉，有预期不到的效果，好吃得很。

lián zǐ　莲子

莲子，是莲的种子还是荷的种子？一般人分辨不出莲和荷，最多说叶子浮在水面的是睡莲，荷叶则是高出水面的。莲虽属莲科，但长不出莲子，反而是荷才生子。

荷在夏天开花，凋谢后的花托就是莲蓬；从中挖出莲子，莲蓬枯干后像蜂巢。挖出的种子为绿色，较易剥开，里面的肉就是莲子。有的人生吃，有的人将之晒干后，发于水，做成甜品。

干莲子可保存的时间甚长，经过一千年也有发芽的能力。

由此可见莲子至少是生命力强、充满营养素的食材。自古以来莲子就有补脾止泻、养心安神、治心悸失眠的功效。

西医的分析是莲子中的钙、磷和钾的含量高，能坚固骨骼、增强记忆力，这些都是有科学根据的。

莲子味道如何？像一般的果仁，很清新，带香味。古人说莲子"禀清香之气，得稼穑之味"。莲子的芯很苦，但广东人曰之为甘，认为它能够去火，治口舌生疮，不介意全颗吃下去；他们也不像吃银杏一样，会把芯挑出来。

吃法多数是煮糖水，莲子的个性不强，和其他果仁的味道都能调和，煮绿豆沙、红豆沙或磨杏仁糊、芝麻糊等，都能下莲子。

不像银杏，莲子无毒，多吃也无妨，有些人还将它磨成蓉做糕点，或煮成莲子粥。最普通的吃法是加冰糖做莲子羹。

八宝粥中的莲子，更是中国台湾地区人爱吃的"四神汤"中的一种材料，其他三种材料是淮山、芡实和茯苓。煮时下猪小肠，味道甚佳，

L

为著名的小吃，亦有药疗作用。

莲子牡蛎汤更是美味，做法是先将莲子煮烂，下生蚝，汤再沸，即熄火。有人加点瘦肉，味更佳。

潮州人把莲子煮熟后，溶糖涂其表面，待冷却，变成一粒粒白色的糖果，孩子们很喜欢吃。

líng jiao　菱角

菱角，被很多人以为是莲花的一部分，虽然二者都是水性植物，但搭不上关系。菱角属于菱科，是中国的传统食物。

菱角在 25 摄氏度左右的池塘和沼泽就能生长，农夫把稻米收割后就种菱角的幼苗。它很粗生，一下子蔓延开。

菱角的叶片为墨绿色，叶柄中空，浮于水上，开红色的小花，仔细观察，可知它和向日葵一样，随着阳光而转动。

花落结果，小菱角初为绿色，后变成黑色；样子像水牛的角，通常在秋天收成。到了中秋节，中国人有吃菱角的习俗，这在周朝时已有记载。

除了又尖又硬的黑色菱角，也有外壳很软的种类，角不尖，颜色有红有绿，故有《采红菱》的民歌。这种菱角可以生吃，带甜味，爽爽脆脆的，口感像马蹄。

黑菱角多数要煮熟了才能吃，味道像栗子和芋头，又名水栗或沙角，淀粉含量高，含葡萄糖、蛋白质和维生素。《本草纲目》说芰实（菱角）"补中延年"，对其评价甚高。菱角生吃寒凉，熟食又易饱胀；少量品尝，总是好事。

菱角可直接当零食或点心吃，也能入馔，炸、蒸、炒、煨皆佳，是很好的斋菜食材。

水煮菱角，放水入锅，煮至沸，加盐，约半小时即成，去壳后就能直接食之，也有人拿菱角蘸糖，或蘸蒜蓉酱油。菱角用来炆排骨，或红烧半肥瘦的猪肉，都是送酒的好菜。

当成甜品，可照芋头的做法，将菱角磨成菱角泥；也有人做菱角月饼，更可做菱角雪糕。

只要充分发挥想象力，菱角也能做成糕点。剥壳取仁，把长方形的刀放平，用力一压，压成泥状，再掺以虾米、腊肠等，放入平底锅蒸之，就是很美味的菱角糕，比萝卜糕更香。

别以为只有中国人吃菱角，菱角的英文名是 Water Chestnut，也有人叫它 Caltrop。Caltrop 是种三角钉，像铁蒺藜[1]，欧洲的菱角有四个角，因此得名。欧洲在公元 1 世纪已有食用菱角的记载，今日的意大利和法国还有人吃两角的黑菱角。他们说菱角的味道像栗子，也像味道不浓郁的芝士，印度和埃及亦有人食之。

---

[1] 铁蒺藜，中国古代一种军用的带铁质尖刺的撒布障碍物。——编者注

liú lián　**榴梿**

　　榴梿是水果，怎么当食材？其实任何一种水果，都能入馔。

　　用榴梿来煲汤，大概是妈姐^①们发明的吧！数十年前旅行并不热门，只有少数的公子哥儿到过南洋，爱上了榴梿，将其带回家里。吃剩了，顺德妈姐起初嫌臭，后来偷吃了一块，大呼"走宝"^②，从此上瘾。

　　妈姐们煲汤最拿手，也迷信榴梿很补，拿榴梿和老鸡炖个数小时，一道精美的榴梿鸡汤就此诞生。好喝吗？不好喝。

　　榴梿作为甜品，倒是千变万化。起先有家甜品店将它放入烤饼（pancake）里去，包了起来，就这样吃，实在美味。后来跟着做蛋挞、饼干等，凡是遇到奶油之类的材料，都能用榴梿来代替了。

　　要是你敢吃榴梿的话，这些甜品的确不错，除了慕司。有天我吃过一个用榴梿做的慕司，味道虽好，但吃了觉得空虚得很。

　　臭与香是相对的，一爱上就没有分别。东方人的臭豆腐，西方人的芝士，都是一回事。但是不香又不臭的，才是天下最不过瘾的。我上次去新加坡，想吃榴梿，但不是季节，听到芽笼区有几档全年供应，就摸上门去。小贩笑嘻嘻地说，货是有的，而且很甜，只是香味不够。我岂可罢休，即来一颗，吃了像棉花浸甜浆，气死人也。

　　如果你不喜欢吃榴梿，人生之中就少了一种味觉。"那么臭，怎能

入口？"你说。方法是有的。

买剥好的榴梿，用锡纸包起来，放入冰箱的冷冻格，等它凝固，这时的榴梿也不像石头那么硬，倒似雪糕，可拿刀子切下来一片片送入口。吃了几片，你就会像顺德妈姐一样，上瘾了，打开一个味觉的新天地。

榴梿也有不同的种类，大致上分泰国的和马来西亚的，前者是摘下来等熟了吃；后者熟了从树上掉下来，翌日不吃，就坏了，所以住在中国香港地区的人吃不到。

会吃榴梿的人，都选马来西亚的，肉虽薄，又带点苦味，但奇香无比，是天下极品，再贵也肯买来吃，才明白"当了沙龙买榴梿"[①]这句话的意思。

lóng xiā 龙虾

龙虾种类甚多，大致上分有虾钳的和无虾钳的两种。前者通称为美国龙虾，盛产于波士顿的缅因地区；中国香港地区捕捉的属于后者，叫中国龙虾，色绿、带鲜艳的斑点，肉质鲜美，是龙虾中最高贵的，可惜已被捕得濒临绝种。当今市面上看到的龙虾多数由澳大利亚进口，外表

---

① 这句话的意思是宁愿卖掉衣物也要买榴梿。——编者注

也有些像中国龙虾。日本人叫作"伊势海老"的龙虾，基本上和中国龙虾同种。龙虾的英文名为 Lobster，法国人叫作 Homard。用 Langouste 时，是指小龙虾。

龙虾已经被认为是海鲜中的皇族，吃龙虾总有一分高级的感觉。最初美国人抓到了龙虾就往滚水中扔，致其鲜味大失；后来受到法国菜影响，才逐渐学会剖边来烤，或用芝士焗，吃法当然没有中国菜那么变化多端。

我们把烧大虾的方法加在龙虾身上，就可以做出白灼、炒球、盐焗等菜来，但是最美味的，还是外国人不懂得的清蒸。

学会生吃之后，龙虾刺身就变成高级料理了。在这种调理法下，美国的和澳大利亚的龙虾，做起刺身来，和中国龙虾相差不大，不过甜味没那么重而已。能和中国龙虾匹敌的，只有法国的小龙虾，做成刺身更是甜美。

一经炒或蒸，中国龙虾和外国种，就有天壤之别，后者又硬又僵，为它付了那么多的钱，也不见得好吃过普通虾。

中国人厨艺之高超，绝非美国人能理解，他们抓到龙虾后会先去头，其实龙虾膏是很鲜美的，弃之可惜。而且他们直接煮，不懂得放尿。其实在烹调之前，应用一根筷子从龙虾尾部插入，放掉肠垢，这样龙虾煮起来才无异味。

清晨在菜市场买一尾两斤重的中国龙虾，用布包它的头，取下。将头斩为两半，撒点盐去烧烤，等到虾膏发出香味，就可进食。把虾壳剪开，将肉切成薄片，扔入冰水，就能做成刺身来吃。脚和壳及连在壳边的肉可拿去滚汤，下豆腐和大芥菜，清甜无比。

龙虾，只有当早餐吃时，才显出气派；当午餐或晚餐吃，有种理所当然的感觉，就显得平凡了。

一早吃，倒杯香槟，听听莫扎特的音乐，人生享受，尽于此也。

lóng yǎn　龙眼

荔枝生产过后，接着的便是龙眼了。两种果树常种于同一个园子中，不是专家，分不出哪棵是荔枝，哪棵是龙眼。

龙眼有樱桃般大，肉半透明，有大核，极像眼珠，故名之。

和荔枝不同的是，龙眼很少有酸的，最多是味淡肉薄而已，一般都很甜。龙眼像荔枝，也是中国独有的果树，无洋名，以音译 Longan 称之。

只要仔细观察，就能分辨出荔枝和龙眼。龙眼的树皮有细条裂状，即使是年轻的树，看起来也是一副老态龙钟的样子。再往上看，荔枝叶子墨绿，龙眼叶子黄绿。前者叶子尖长，像拖着一条尾巴；后者成钝形或尖锐形，但没有拖尾的现象。

龙眼于三四月开花，花期也是引蜜蜂来采，制成龙眼蜜。最迟到 8 月也能在市场中看到龙眼。

荔枝颜色会转变，从绿到红；龙眼则是始终如一的褐色，果实其实并不完全黏住种子，有点离开，只在蒂头处连在一起，所以剥肉很方便。剥出来的，晒干，就是龙眼肉，也叫桂圆。

生龙眼和干龙眼都能作为药用，早在《本草纲目》中就记载生龙眼具有补益心脾，养血安神的功效，桂圆的功能更加显著。

龙眼性和平，但多吃也会摄入过多糖分，对身体无益。

新鲜龙眼入馔，去核，塞进一粒小螺肉，有咬头，味亦甚美。整盘炒出，更是好看。

晒成桂圆入馔的例子更多。首先有桂园粥，用干龙眼加枸杞、大枣和糯米煮成，晨起和睡前服之，有养心安神之妙处，老少皆宜，尤其适合久病的体力消耗者。

龙眼汤是把莲子、薏苡仁、芡实和桂圆，加上蜂蜜共五种材料一起小火煮一小时，连渣一块吃。

桂圆鸡则是用童子鸡、桂圆、葱、姜、黄酒和盐烹调的。将鸡去内脏，洗净，出水，捞出，塞以配料，皮抹盐，在蒸笼蒸一小时左右，即可食之；补气血，味道又佳。

lú sǔn　芦笋

芦笋卖得比其他蔬菜贵，是有原因的。

第一年和第二年种出来的芦笋都不成形，要到第三年才像样，可以拿去卖，但这种情形只能维持到第四、第五年，再种的又不行了，一块地等于只有一半的收成。

芦笋从前简直是蔬菜之王，并非每个家庭主妇都买得起的。后来，人们大量种植，它才便宜起来。不知道从什么地方传来，说芦笋有较高的营养价值，吃起来和鱿鱼一样，会产生很多好的胆固醇；但华人社会仍不太敢去碰它，在菜市场中卖的，价钱还是公道的。

粗壮的芦笋好吃，还是幼细①的好吃？我认为中型的最好，像一管老式的万宝龙（Mont Blanc）钢笔那么粗的不错，但吃时要接近浪费地把根部去掉。

一般将芦笋切段来炒肉类或海鲜，分量不大，怎么吃也吃不出一个过瘾来，最好是撒一大把，在滚水中灼一灼，加点上等的蚝油来吃，才不会对不起它。吃了品质差的蚝油，一嘴糨糊、一口味精味，有些蚝油还是用青口代替生蚝熬成的呢！

芦笋有种很独特的味道，说是臭青味。上等芦笋有阵幽香，细嚼后才感觉得出。提供一个办法让你试试，那就是生吃芦笋！只吃它最柔软细腻的尖端，蘸一点酱油，直接送进口，是天下美味之一。但绝对不能像吃刺身那样加山葵（Wasabi），否则味道都被山葵抢去，还不如吃青瓜。

在欧洲，如果自助餐中出现了罐头芦笋，会最先被人抢光。罐头芦笋的味道和新鲜的完全不同，古怪得很，口感又是软绵绵的，有点恐怖，一般人是为了价钱而吃它。

罐头芦笋也分粗细，粗的芦笋才值钱，且多数是白色的，那是种植芦笋时把泥土覆上，让它露不出来，照不到阳光，就变白了。但是罐头芦笋的白，多数是漂出来的。

被公认为天下最好的芦笋长在法国巴黎附近的一个叫阿让特伊

---

① 幼细，指细微、细小。——编者注

（Argenteuil）的地区。此地长出来的芦笋又肥又大，能吃到新鲜的就幸福得不得了。通常在老饕店买到装进玻璃瓶的，已心满意足。但是该地区的芦笋已在 1990 年停产，你看到有这个地区的牌子的，已是其他地方种植的，别上当。

lú yú　**鲈鱼**

到西餐厅去，我总看到海鲜的栏目中有种叫 Sea Bass 的，很多人将其翻译成鲈鱼。

古代有当官的张翰，想起家乡吴江的鲈鱼美味，作了"秋风起兮佳景时，吴江水兮鲈正肥；三千里兮家未归，恨难得兮仰天悲"之后，就弃官返乡，传为佳话。那么鲈鱼应该是江中鱼，为什么有个 Sea Bass 的海水鱼名？

原来鲈鱼春天时在咸淡水交界处产卵，这样鱼卵生长快；秋天游入淡水河，再回头出海。

一般外国的鲈鱼全身嫩白，中国鲈鱼身上有直纹和黑色的斑点。外国有种叫条纹鲈（Striped Bass）的，身上也有直纹。但外国鲈和中国鲈到底是不是两种鱼呢？它们大概只是属于同一个家族罢了。相似之处，是两地方的人都认为鲈鱼肉鲜美，鱼刺又少。

很多人以为鱼的习性都一样，其实湖里、江中的淡水鱼则不然。用假鱼饵钓鱼，鳟鱼要试了七八次才知道，鲈鱼只要一闻，即弹开。

鲈鱼有大嘴和小嘴两种，这一点外国的文献有同样的记载。鲈鱼性凶猛，和兽类一样要霸占地区，大口鲈通常只有一尺半至两尺长，但张开口可吞小孩拳头大小的食材。大口鲈抢食超快，在其所占地区之内鱼虾不易逃过。

有些人也曾看到一大群鲈鱼跳出海面吞食各种飞虫，非常壮观。外国人认为海水中的鲈鱼比淡水中的好吃，中国人则相反。

在内地名为花鲈的鲈鱼，香港则称之为百花鲈。因其性喜游于海面，百花鲈有一种汽油味，并不美味。淡水鲈被捕后即死，在香港的售价甚低，并不像吴淞江中的松江鲈鱼那么昂贵，慕名到吴淞江的食客至今不绝，但因过量捕捉，松江鲈鱼已近乎绝迹。

鲈鱼有急冻的，多由外国进口，若制西餐，不妨采用，多数只是煎了来吃。中国鲈鱼由十月开始最为肥美，在菜市场中不难找到。

虽说鲈鱼好吃，但与其他鱼比较，还是味寡，宜用酱料蒸之，增城榄角是上选。其他吃法多数是将鲈鱼炸后再淋浓味的酱，和鳜鱼的吃法相同，没什么吃头。中国古代名人雅士，多吃鲈脍。脍即生吃，将鲈鱼做成生鱼片较佳。

luó lè 罗勒

罗勒（Basil），又叫甜罗勒（Sweet Basil），《远东英汉大辞典》中说它有另一个名字为紫苏。它虽和紫苏同科，但与紫苏（Perilla）无关。

它在中国各地的名字都不同，台湾人叫它九层塔；因为它是由印度移植的香料，得来不易，所以潮州人尊称其为金不换。

新鲜和干燥叶片都能食用，罗勒已成为当今用途最广泛的香料之一，一般人都能接受这种特异的幽香，它会给味觉带来快乐的刺激。

罗勒种类很多，有青柠檬味的，也有肉桂味的。黑水晶罗勒的叶子上面呈深蓝色，下面是紫中带红，煞是漂亮。生得最旺盛的是草丛罗勒，此品种最为粗生，一种就长出一大堆。

从古希腊开始已有记载，罗勒也可当药。用它的种子浸水，会产生透明的胶质，以此消除眼中不干净之物，日本人称之为"目箒"。

时代变迁，当今流行的吃法是把罗勒种子浸水后放在奶酪上，当成甜品。

当然最基本的吃法是生吃它的叶子，意大利菜中少不了罗勒。撒几片叶子在意粉上，是常见事。它和西红柿的味道配合得极佳，吃淡味芝士时，多数加西红柿和罗勒。把罗勒晒干，放进盐桶中，喝汤时撒下，可以增加味道。

来一大碗越南河粉，摘几片生罗勒叶扔入热辣辣的汤，是正宗的吃法。

泰国料理中，几乎任何菜都可下罗勒。

中国台湾地区的人用新鲜罗勒炒羊肉，吃过一次后永远记得那种美味。

潮州人炒薄壳时，非加金不换叶不可。

所以当有人问去哪里才能买到罗勒时，可指点他们去高级的超市，但价钱贵。要便宜的，找潮州或泰国的杂货店，一定有出售。

还是自己种好，不管你家有没有花园，罗勒都可以很轻易地在花盆中长成。买些种子撒上，盖一层薄薄的泥土，不出一两个月，就有罗勒可吃。嫌慢的话，可买它的幼苗来种，长得更快。

现种现吃，是一种幸福。到了夏天，长出白色的花穗，摘了一把罗勒插在玻璃杯中，装饰食桌，带来清新的感觉。每一个老饕家里都应该种一些罗勒，以表敬意。

luó bo　萝卜

上苍造物，无奇不有，植物根部竟然可口，其中萝卜是代表性的。谁能想到那么短小的叶子下，竟然能长出又肥又大又雪白的食材来？

萝卜的做法数之不清，洋人少用，他们喜欢的是红萝卜，样子相同，但味道和口感完全不一样。其实萝卜的种类极多，有的还是圆形的呢；颜色则有绿的，有的切开来里面的肉呈粉红色。所谓的"心里美"就是这个品种，我在法国，还看过外表黑色的萝卜。

我们吃萝卜，从青红萝卜汤到萝卜糕等，千变万化。但是老人家说萝卜性寒，又能解药，身体有毛病的人不能多吃。

既然性寒，那么拿来煮火锅最佳，当今的火锅店已有一大碟生萝卜供应，汤滚烫时就下几块进去，中和吃火锅的燥热，熬出来的汤更是甜美。

我本人最拿手的菜就是萝卜瑶柱汤，不能滚，要炖，汤才清澈。取七八颗大瑶柱，浸水后放进炖锅。萝卜切成大块铺在瑶柱上，再放一小块过水的猪肉腱，炖个两三小时，做出来的汤鲜美无比。

韩国菜中，蒸牛肋骨（Karubi-Chim）最为美味。牛肉固然软熟可口，但是菜中的萝卜比肉好吃。韩国人的泡菜，除了白菜金渍，还有将萝卜切成大骰子般的方形腌之，叫作 Katoki Kimchi 的，也是一道有代表性的佐食小菜。

日本人更是不可一日无此君，称之为大根。他们的食物之中以萝卜当材料的极多，最常见的是泡成黄色的萝卜干（Takuwan）。大厨也知道萝卜可将燥热中和的道理，所以炸天妇罗 ① 时，一定以大量的萝卜蓉佐之。日本人的关东煮，各种食材之中，最甜的还是炆得软熟的萝卜。

在江南，有种叫水席的烹调方式，一桌菜多数为汤类。其中一味是把萝卜切成幼细到极点的线，以上汤煨之，吃起来比燕窝更有口感。

萝卜源自何国，已无从考据，但古埃及中已有许多文字和雕刻记载，其多数是古代的奴隶们才吃的。中国的萝卜，可在国宴中出现，最廉价的材料变为最高级的佳肴，这就是所谓烹调的艺术了。

---

① 天妇罗是一种日式菜品，泛指用面糊炸的菜。——编者注

luó   螺

螺中贵族当然是巨型的响螺，它的壳可拿来当喇叭吹，故叫响螺吧。响螺会不会自响呢？在海底叫了也没人听得到。田螺倒是会叫，花园中的蜗牛也会在下雨前或晚上叫。

把响螺劏片，用油泡之，为最高级的潮州菜。响螺的内脏可以吃，因为钻在壳的尖端，故称之为"头"。潮州人叫响螺吃，如果餐厅不把头也弄出来的话，就不付钱了。

小型响螺当今在菜市场中也常见，并不贵，可能是大量人工养殖的。请小贩为你把壳去掉，加一块瘦肉来炖，可炖成非常滋阴补肾的汤，喝时加两三滴白兰地，味道更佳。

外国进口的很多冷冻响螺肉，已去壳，更便宜，用来炖汤也不错。

响螺的亲戚东风螺（花螺），身价低得多，但也十分美味，看你怎么烹调，像辣酒煮东风螺就非常特别，已成为一道名菜，这一功应记在当年"大佛口餐厅"的老板头上，是他首创的。

更便宜的螺，就是田螺了。和其他"亲戚"不一样，它长在淡水里，有人耕田，就有田螺吃。近来这也不现实了，人们种谷时撒大量农药，连田螺也被杀个干净。

加很多蒜蓉和金不换叶子来炒田螺最好吃。从前中国香港庙街街边小贩炒的田螺也令人念念不忘，但是遇到田螺生仔的季节，吸田螺肉吃下，满口都是小田螺壳，非常讨厌。

新派上海菜田螺塞肉改正了这个毛病，大师傅把田螺去掉子和其他内脏，只剩下肉，再加猪肉去剁，最后塞入田螺壳里去炒，真是一道花功夫的好菜。

法国人吃的田螺，样子介乎中国田螺和蜗牛之间，大家却笑他们吃蜗牛，其实那是螺的一种，生长在花园里，亦属淡水种。法国人的吃法多数是把蒜蓉塞入田螺，再放入炉里焗，但也有挖肉去炒的做法。

日本有种螺，苹果般大，叫作"蝾螺"（Sazae）。此螺在伊豆海边最常见，放在炭上烤，挖肉出来吃，海水和螺汁当汤喝，是下酒的好菜。至于把螺肉切片，再将冬菇等蔬菜塞入壳中烹调的叫"壳烧"（Tsuboyaki），没有原样烤那么好吃。

luò huā shēng　落花生

花生（Peanuts），我总叫它的全名落花生，很有诗意。

落花生是我最喜爱的一种豆类，百食不厌，愈吃愈起劲，不能罢休。唯一弊病是吃多了容易排气。

外国人的焗落花生（Roasted Peanuts）或中国人的炒落花生和炸落花生，吃了喉咙发泡，对不起落花生。

水煮落花生或蒸焓落花生才最能把美味带出，又香又软熟，真是好吃。从前在中国香港九龙旺角道能看到一个小贩卖连壳的蒸落花生，当今不知去了哪里。南洋街边，尤其是在马来西亚槟城，焓落花生常见，只是当地人把壳子调制得深黄，虽然用的不是化学染料，但是我看了也觉得不开胃。

中国香港九龙城街市中，很多菜档卖煮热带壳的落花生。放盐，把水滚了，煮到水干为止，天下美味。1斤才卖5元，买个3斤，吃到饱为止。

杂货店里也卖生的花生米，分大的和小的。有些人会比较，我则认为二者皆宜，大小通吃可也。

买它1斤，放在冷水里泡过夜，或在滚水里煮10分钟，将皮的涩味除去，就可以慢火煮了。有些人要去衣才吃，我爱吃连衣的。

放一小撮盐，水滚了用慢火煮一小时，即可吃；喜欢更软熟的话，煮两小时。

煮时水中加卤汁，向卖卤鹅的小贩讨个一小包就是。等水煮干了，落花生就能吃。我去餐厅看到这种佐菜的小食，总一连要几碟，其他佳肴不吃也罢。

北京菜的冷盘中，一定有水煮落花生。山东凉菜中，煮得半生不熟，带甜臭青味的，也可口。到了咸丰酒店，来一大碟落花生送绍兴花雕酒，店里叫"大雕"的，又香又甜，一碗才8元，喝得不亦乐乎；但没有落花生配之，味道就差了。

烹调落花生的最高境界，莫过于猪尾煮落花生了。同样方法，去衣涩，备用。先把猪尾煲一小时，再放落花生进去多煮一小时，这时香味传来，啃猪尾的皮，噬其骨，再大匙舀落花生吃，最后把那又浓又厚的汤喝进肚，不羡仙矣。

má yǒu　马友

　　马友，鱼中佳品，俗称马鲛郎，潮州人叫它伍鱼，每年二三月最为甜美，但近来的马友都是外地输入，一年四季皆有。

　　马友可大可小，大则十多尺长，一般的一尺半至两尺长。前者直切成一块块碟状的鱼片，通常直接煎了即可进食；后者则以清蒸烹调，亦可加芽菜半煎煮。

　　因为捕捉后即刻死亡，马友并不被中国香港人看重。年轻人对马友的印象，多数只从点咸鱼时侍者问"要鳕白（勒鱼）或马友"中得来，他们以为马友只能用来做咸鱼。

　　目前的咸鱼也多来自印度或孟加拉国，可见当地盛产此鱼；中国台湾地区也有，菲律宾更多，在菜市场中看到灰灰白白、冻得僵硬、带鳞的，就是马友了。

　　最佳吃法，也是最普通的，便是用盐水把马友煮三五分钟，捞起来风干，或等冷却后放入冰箱待冷食。掀开鱼鳞，里面肥肥白白的肉呈现在眼前，用筷子夹了蘸豆酱吃，是潮州人所谓的"鱼饭"。很奇怪的是，任何鱼一蘸豆酱，入口便不腥了。豆酱要食普宁做的，在中国香港九龙城的潮州人杂货店中有售，也可以在泰国店买到。泰国华人中潮州籍的多，也依照了普宁的做法制豆酱，不过味道逊色得多。

　　清蒸也行，在鱼上铺上豆酱姜丝，看鱼的大小，蒸 5 ~ 10 分钟，其他配料什么都不必加，鱼肚中的肥膏，是无上的美味。

　　小时候吃奶妈用马友打浆做的鱼丸，此生难忘。当年马友还是很容易抓到的，现在要吃一条附近捕到的，已是难上加难。

大条马友，可以直接切片后煎之，因为骨头只有中间的脊，非常容易入口，是广府人所谓的"啖啖是肉"。

煎马友时发出的那阵香味，是令人不可抵挡的。所以从前的潮州大排档都备有一平底镬，下大量的猪油来煎马友，客人走过即刻被吸引，停住了脚。用这方法招徕客人是最高明的，目前中国香港地区也只有九龙城的"创发"是这么做的。有很多经营潮州餐厅的朋友，我劝他们煎马友，但他们都回答说怕油腥，真是塞钱入袋都不要。

máng guǒ 杧果

杧果应该是原产于印度的，早在公元前 2000 年，已有种植的记录。

英文名为 Mango，法文名为 Mangue，菲律宾人叫它 Mangga。杧果的中文名也有种种变化：望果、蜜望等。

除了寒带，杧果到处皆产，近于印度尼西亚、马来西亚、菲律宾；远至非洲、南美洲诸国，当今中国海南岛也大量种植。

杧果树可长至二三十尺高，每年 10 月前后结果，如果公路上种的都是杧果，又美观又有收成。也有"疯狂"杧果树，任何一个季节都能成熟。杧果种类多得不得了，短圆、肥厚、肩平，大小各异。有和苹果接枝的苹果杧，呈粉红色；也有大如柚子的新种，本来的颜色只有绿和黄两种。

东南亚一带的人吃不熟的绿杧果，它有阵清香，肉爽脆，最受泰国人喜爱。一般的吃法是削丝后拌虾膏和辣椒，也有人用其蘸酱油和糖。

中国古代医学说杧果可以止呕、止晕眩，为治晕船之良物，但杧果有"湿"性，能引致过敏和各种湿疹。西医没有这个"湿"字，但也警告有哮喘病的人最好少吃杧果。杧果吃多了会失声，也会引起嘴唇浮肿，应付的方法是以盐水漱口，或饮之。

杧果的吃法千变万化，直接生吃的话，用刀把核的两边切开，再像划数学格子那么划割，最后双手把杧果掰开，一块块四方形的果肉就很容易进口了。

好的杧果，核薄；不佳的核巨大。核晒干了可成中药药材，可治慢性咽喉炎。杧果的肉可被晒成杧果干，或制成果酱。

近年来，把杧果榨汁，淋在甜品上的水果店开得多。杧果惹味，此法永远成功。又有人把杧果汁和牛奶之类的做成糖水，取个美名，称之为杨枝甘露，也大受欢迎。

日本人从前吃不到杧果，一试惊艳，当今杧果布丁大行其道。一爱上了，自己研究耕种，在温室中培养出极美、极甜的杧果，卖得很贵。

适口者珍，但公认为最佳的品种，是印度的阿方索（Alphonso）。这是从前只有贵族才有资格吃的，当今已能在中国香港的重庆大厦买到。

杧果很甜，又有独特的浓香味，别的水果吃多了会腻，但只有杧果愈腻愈想继续吃，有点俗气，这使它挤不进高雅水果的行列。

méi cài 梅菜

　　梅菜是非常可口的一种渍物，分咸的和甜的两种，吃时要用水冲一冲。和榨菜一样，洗得太干净的话，就不好吃了。

　　它是用什么做原料的呢？芥菜是最原始的，不过后来凡是把菜晒干了用盐腌制的，都叫作梅菜，常用的还有小白菜。

　　制成的梅菜分菜心和菜片两种，做得最好的地方是惠州，故也叫作惠州梅菜，而最好的惠州梅菜产于惠阳土桥，土桥梅菜最高级。

　　一般的惠州梅菜用的都是菜心，上好的菜心有三四寸长，带花蕊，色泽金黄。

　　叫作梅菜，因为腌制的有点发霉味吧？但传说是一个叫阿梅的仙女将制作方法传授给背她过河的农民的，这个说法比较浪漫。

　　最受欢迎，也遍布世界各地的名菜，莫过于梅菜扣肉了。

　　把五花腩切成一大方块，放进镬中，先下猪油，待起烟，五花腩背朝下，把肥的那部分浸在猪油中。油炸油，油一多，快要碰到瘦肉部分时，就得捞起一些油来。绝对不可把整块五花腩放在油中炸，否则瘦和肥的部分一下子分开了，样子和味道都差。

　　炸好的五花腩用酱油和冰糖去红烧，这时把梅菜切碎加进去一起烹调，煮45分钟之后，即成。

　　这时五花腩的皮是皱的，连着肉，怎么夹也夹不开；加上清甜爽口的梅菜，淋上汁，可连吞白饭三大碗。

　　嫌麻烦？买梅林牌的梅菜扣肉罐头好了。

　　梅菜也可以用来蒸鱼，尤其是桂花鱼等本身没有什么个性的河鱼，用梅菜来补助最宜。

把猪颈肉切成细丝，再和梅菜一起炒，冷却后放入冰箱，随时取出送粥。如果用虾米代替猪肉，更能久放不坏。

包子之中，把梅菜切细后素炒当馅，蒸出的梅菜包子百食不厌。水饺也可以用梅菜来包，很惹味。梅菜吸油，炒时要用大量的油才不会过干，但是非用猪油不可。一以植物油代之，鲜味尽失，也是一件很奇怪的事。

mí dié xiāng　**迷迭香**

迷迭香（Rosemary），英文名中包含了玫瑰，但与它完全没有关系。迷迭香是一种原生于地中海沿岸的植物，它还有一个汉字名叫万年老，当然不如迷迭香那么浪漫。

有坚硬如刺的小叶子，含着樟脑油，也开紫色的小花。花落后结实，一年四季皆生，拉丁名意为"海滴"。一片迷迭香花丛田，风一吹，有如海浪；花朵散开，就像冲上岸的水滴。

家中有花园的话，不妨多种几棵迷迭香，室内栽植也行。在花店买些种子，春天播，到了夏天就生长出来，并不难打理。

随手抓一把叶子，把它们捏碎，传来一阵香味，富有清凉感；疲倦的时候闻，精神为之一振。

据说迷迭香能增强记忆力，学生们考试时父母会编织成叶冠给他们戴上。外国香料多数都原出于药用，所以称其为草药（Herbs）。

迷迭香在烧菜时，往烧鸡里下得最多。洋人认为所有肉类都有一股异味，非用迷迭香消除不可，小羊排中也用迷迭香，有时连煮鱼也用得上，但就是不用它来当沙拉生吃，叶子太硬之故。

有时也不用新鲜的，可以将迷迭香晒成干或磨成粉，方便搬运。

印度店里，吃过饭付账时，柜台上摆了几个小碟。其中有一碟就是晒干了的迷迭香，因为它含樟脑油，细嚼起来比吃香口胶^①高雅。

在法国普罗旺斯买肉时，店主会免费送些迷迭香给你。意大利的肉店里，也常看到用迷迭香来当装饰的。餐厅桌子上的橄榄油，浸着尖叶的，都是迷迭香。

烤羊腿或牛腿时，外层多撒些迷迭香碎；有时吃烤鱼，鱼片中也塞着它。

鸡胸肉最难吃，西洋大厨想出一个调制法：把肉片开，用迷迭香当馅，包出一个个的鸡肉饺子来。

迷迭香并无甜味，但蜜蜂最爱采它的蜜，故有迷迭香蜜。我将蜜糖混入奶油之中，打成泡，淋在甜品上面，再撒紫色的迷迭香鲜花，颇得外国友人欢心。

---

① 香口胶即口香糖。——编者注

mǐ fěn　米粉

米粉这种东西，基本也只有在中国才能吃到；东南亚一带也生产，但远不传到欧洲，近没影响到日本。

从前在香港裕华百货等超级市场都可以买到当天从东莞运来的新鲜米粉，现今只能吃到干的。

米粉通常是炒来吃的，中国香港地区流行的星洲炒米，下一点咖喱粉就当是了。在新加坡倒没有这种炒米，那边吃的，多数用海南人做法，把米粉用油炸一下，再下大量的汤汁去煨，配以鲜鱿、肉片、鸡内脏和菜心等翻翻锅，炒出很湿的米粉，味道不错。去到泰国，也有异曲同工的炒法，配料随意变化罢了，以芥蓝代替菜心。

炒米粉，是中国台湾地区的传统菜。媳妇进门，第一次试的厨艺就是生炒米粉。婆婆一看她们用镬铲，就知是外行，台湾炒米粉用长筷子，不停地将米粉分开，幼细的米粉才不会糊成一块，炒时下适当的水分、汤汁和油盐，配料最多是些肉丝，高丽菜是不能缺少的。

至于煮汤的米粉，我们吃得最多的是雪菜肉丝汤米粉，将那两种配菜炒完，再铺到渌熟的米粉上面。两者分开，米粉不入味，做得好吃的很少，幸亏雪菜够咸，才能遮丑。

在星马流行的马来食品"米逻"，用的也是米粉。先用香料把米粉泡熟染红，再煮一大锅汁，里面放肉碎、虾米碎和辣椒，淋米粉之前先下一汤匙潮州人做鱼饭用的豆酱，撒些韭菜，放半个熟鸡蛋，最后下甜辣椒酱。辣椒酱的好坏，决定这碟东西的命运。

很奇怪的是，到了印度，也看到小贩卖米粉，通常是把一个大藤篮顶在头上。叫停了他，小贩打开篮盖，露出一团团拳头那么大的蒸熟米粉，撒上椰丝，配一撮最原始的黄砂糖，直接用手抓来吃，当作早餐。

中国有些省份做的米粉较为粗大，但炒起来很容易断碎，又会一下子黏住锅底，家庭主妇一见失败即刻气馁。但请别担心，黏底的米粉焦，另有一番滋味，当然是夫妻感情好的时候才能体会到。

mì guā　蜜瓜

一讲起蜜瓜，人们就想起了哈密瓜和日本的温室蜜瓜，其实蜜瓜的种类颇多，大致上可以分成夏日蜜瓜（Summer Melon）和冬日蜜瓜（Winter Melon）两大类。

前者以意大利的 Cantaloupe 和中国新疆的哈密瓜为代表，果肉大多是橙色的。也有叫网纹甜瓜的，外皮有网状的皱纹，日本蜜瓜属此类，但品种已改良，肉也呈绿色。后者以美国的 Honeydew Melon 为代表，皮圆滑，呈浅绿色，完全是甜的。

夏日蜜瓜可当沙拉，但最常见的是和生火腿一块吃，也不知道是谁想出来的主意，一甜一咸，配合得极佳。

有些夏日蜜瓜并非很甜，尤其是个头小、像柚子般大的绿纹蜜瓜，可以拿来和钵酒一块吃。一人一个，把蜜瓜顶部切开当盖，挖出瓜肉，切丁，再装进瓜中，倒入钵酒，放进冰箱，等待约两小时。这时酒味渗入，这便是西方宫廷的一道甜品。

法国有一位著名的大厨维特尔，一次宴会前，国王由巴黎运来的玻璃灯罩被打破，负责人不知道怎么办时，维特尔把蜜瓜挖空当灯饰，传为佳话。

当今新派菜流行，也有人要拿蜜瓜代替冬瓜，做出蜜瓜冬瓜盅来。但蜜瓜太甜，吃得生腻，不可取。

蜜瓜当然可以榨汁喝，也有人拿去做冰激凌和果酱。其实，将它切开后配着芝士吃，也很可口。

日本的温室蜜瓜多数在静冈县、爱知县种植。北海道种的叫夕张蜜瓜（Yubari Melon），外表一样，但肉是橙红色的，档次不高。

肉为绿色的温室蜜瓜，季节不同，价格也不同，大致上夏天的比冬天的便宜。

贵的原因，是温室中泥土要一年换一次，不然蜜瓜的营养就不够了。为了使它更甜，当一株藤长出 10 多个小蜜瓜的时候，果农就把大部分蜜瓜剪掉，只剩下一个，把营养完全给了它。"一株一果"的名种，由此得来。普通蜜瓜一个三四千日元，这种一株一果要卖到一万多，将近两万日元了。

蜜瓜可贮藏甚久，想知道它熟了没有，可以按按它的底部，还很坚硬时，就别去吃它。

miàn 面

最初的面接近块状，把面饼拿来煮罢了，典型的有东汉记载的"煮饼""水溲饼"等。

宋朝时出现"三鲜面"，明朝有"萝卜面"，清朝李渔收录了福建的"五香面"。

大致来说，面可分非碱水面和碱水面，前者以北方人吃的居多，后者主要为南方人所食。这影响到意大利的面没碱水，日本的拉面皆有碱水。

碱的成分是碳酸钠，与面中蛋白质混合后产生黏性、弹力、韧感。

把天下的面加起来，做法至少有数千种。先由基本做起，任何面都要渌熟，有些小秘诀。

1. 锅要大，水要多。这么一来面容易熟，又有充分的空间舒展，不会黏在一起。
2. 把面团撕开，均匀地撒在滚水之中。用长筷子拨动，筷子一夹，面断，就知道够熟了。连做起来最麻烦的意大利面也一样。
3. 用漏勺将面条捞起，放入冷水；考究一点，可以在水中加冰。
4. 在另一锅有料之汤中，如猪骨汤、鸡汤、海鲜汤，等汤滚到有泡，在最热时把面条放进去，熄火，即成。

炒面的话，最好别渌过再炒，用生面直接炒好了。准备一锅汤，面快焦时即加汤就是。不赞成把配料先炒好后起镬，等炒好了面再混合，那么做配料的菜汁不会进入面中。先炒面，半熟时中间拨开留出空位，炒配料，最后拌在一起上桌。

带碱的面，渌完之后，别把水倒掉，用来灼蔬菜，因有碱，一定碧绿。

面的搭档千变万化，你家里的冰箱有些什么，都可以拿来当配料。上海人的所谓"浇头"，就是把普通小菜铺在汤面上而已。

汤底最重要，一碗面的好坏，决定性都在汤里。严守着真材实料这四个字，错不了。用大量的猪骨熬出，一定甜。至于旁人的猪骨汤是白色的，我们煲出来的为什么不白？很容易，买一尾鱼，煎一煎，装进袋子一起煲，煲至稀烂，汤一定很白、很白。

所有的面，用植物油烹调一定逊色；以猪油煮之、炒之、拌之，皆完美。

mò dǒu　墨斗

墨斗和鱿鱼最大的区别，是前者身上有一块硬骨，大起来有点像拖鞋；而后者只生一条透明的软骨。

那块硬骨在中医学上可以拿来当药材用。我们小时候没电子游戏机，就拿它当玩具，把它放在石头上磨，磨得发热，拿去烫其他顽童。

因为肉身厚，潮州人多数是把墨斗煮熟后挂起来风干，等凉了切片来吃。广东人也有此吃法，不过会将它染成橙红色。

很奇怪的是，和鱿鱼一样，墨斗也有一层皮，皮不剥就煮的话，肉一定硬。墨斗剥了皮很柔软，比鱿鱼更容易咀嚼。

日本人称墨斗为 Mongo Ika，当刺身吃，也炸成天妇罗。当寿司还没有流行时，我在中国香港西贡区海边看到有人卖游水大墨斗，我叫餐厅拿去切片，自备山葵和日本酱油食之。邻桌的人看了大惊小怪，当今此吃法已相当流行。墨斗的肉可当刺身，须和头拿去煮汤。

刀工好的大师傅，可以将墨斗片成数层，留下一部分黏起来，再把虾剁碎成胶，酿入墨斗之中，再斩件后拿去蒸或炸，做成一层白一层红的菜，又好看又好吃。

潮州人有时也把墨斗切块后煮咸酸菜吃。凡是腥一点的鱼，如海鳗、魔鬼鱼、鲨鱼等，潮州人都用咸酸菜煮，墨斗也如此烹调，大概是嫌它价格便宜之故。

但当今的墨斗卖得也不便宜，所以被打成墨鱼丸之后，是所有肉丸之中较贵的了。贵归贵，也有人买。但是我在中国香港吃到的墨鱼丸，都是芡粉下得太多的，变得没什么墨斗味了。一咬下，尽是糨糊，这是种极讨人厌的感觉。为什么不做一些完全是墨斗肉的鱼丸呢？一好吃就做出名堂，做出名堂后就发财嘛，香港人不懂就是不懂。

煮熟后的墨斗，蘸潮州酱料（如三参酱或橘油）吃，很对味。这种甜与咸的配合，也是家里三代有钱的少爷发明出来的吃法吧？

一次出海，网中捕到小只墨斗，五角硬币般大，硬骨还没形成，直接拿来混酱油，当花生下酒，鲜甜得不得了，也是毕生难忘的经历。

M

mù ěr 木耳

木耳，分黑和白，又名桑耳、木蛾、木菌。黑木耳的英文名是 Black Fungus，白木耳的英文名则是 White Tremella。

从山区到平原，木耳的分布很广，世界各地都能出产，幼菌一黏枯枝，就能长出木耳来。

新鲜的木耳口感爽脆，可直接入肴。将它晒干了，吃前浸水恢复，鲜味不失。也可当成药材，野生银耳自古以来被称为重要补品，非常珍贵；当今已大量人工种植，市价亦便宜。

黑木耳的热量没有白木耳的高。营养成分已经被证实，二者均含糖、磷、钙、铁和维生素，具有清热补血的功能。黑木耳还被中医认为可以预防白发多生呢。

木耳含有植物胶质是无疑的，它能促进吸收铁，功能较吃蒟蒻强，又带有香味，更容易入口。

选购木耳是以外形完整为标准，呈半透明者佳。选无杂质的，洗净及去掉根部即可食之，干木耳则浸清水发之。

口感极好，甚有咬头，日本人称之为木水母（Kikurage），像海蜇之故。

糖醋拌三丝就是把黑木耳烫热捞起，沥干水后切丝，另配红萝卜；也切成豆芽般幼细的长条，放入碗中，加入白醋、盐和一点点糖拌成。上桌时撒上芫荽，是极悦目和可口的前菜。

当成汤，著名的酸辣汤不可缺少黑木耳丝。白木耳汤则是泡发后，下些瘦肉或排骨，和番薯一起煲。

做成斋菜，把油条炸脆，切块，加入黑白木耳，用醋炒之，非常美味。

有道叫木耳卷的，是将木耳和红萝卜切丝，加豆芽、芹菜、金针菇，用腐皮包起来炸，吃时蘸酸辣酱。

木耳本身味淡，是做甜品的好材料，用冰糖、白果、红枣来炖，味道和口感并不比燕窝差，营养也极为丰富。

将木耳剁碎，加大菜或鱼胶粉，撒入糖桂花，放入冰箱，做成果冻，亦上乘。

mù guā　木瓜

我来到泰国曼谷，第一件事就是找木瓜。

泰国菜辛辣，不吃木瓜的话翌日后患无穷，但木瓜有一股个性很强烈的味道，像婴儿吐的奶的味道，讨厌起来是难以接受的。

最清香的是夏威夷种，毫无星马泰木瓜的异味，甜度也不惹人反感，但是卖得很贵，中国香港地区的果栏 ① 很少入货，非常难找。

市面上看到印有夏威夷牌子的，大多数是拿了当地种子到马来西亚种出来的。土壤有别，口感还好，但香味尽失。

---

① 果栏，粤语，指水果批发市场。——编者注

虽说是热带的水果，中国香港地区也长木瓜。多年前的新界木瓜很好吃，近来的好像差了一点，不知是否与空气污染有关。

吃木瓜时，大多数人喜欢把种子刮净，再切成一块块上桌。我认为所有水果都应该尽量用手指接触，最佳吃法是一刀切成两半，去籽，直接用茶匙舀了送进口。

木瓜可生吃，没有甜味，但咬起来爽脆。泰国菜的宋丹，就是刨了木瓜丝后与花生、蜜糖、西红柿、虾米和蟛蜞 ① 一块儿舂碎来吃的。

成熟的木瓜也能够入肴，友人徐胜鹤的家政助理时常拿它和鸡一块儿做汤。煲的话木瓜全稀烂，还是清炖较好。

中国香港大厨周中，是第一个拿木瓜代替冬瓜做菜的师傅。以冬瓜盅的做法，放猪肉丁、干贝、火腿等。豪华起来，加海胆炖之，一人一个。日本人和西方客人喜爱这种吃法，流行起来，当今将木瓜美名为万寿果。

木瓜也被当成了甜品，塞燕窝进木瓜清炖。但以白木耳代之，更有咬头，加上南北杏和冰糖，据说能滋阴。我们则觉得好不好吃才最重要。

小时候家里四周都种木瓜树，一长就是数十粒。当今小孩住楼房，看不到木瓜树了。

其实种起来也很简单，当成盆栽好了。木瓜播了种，几个月便长成，一年后开花结果。但寿命也短，第三年年尾便要死去。有些需要在四棵雌树中种一棵雄的，才能播种；有些雌雄同体。我看过一个大木瓜，有 9 千克重，很多人又以为我在撒谎，后来翻植物辞典证实我的话没错。

---

① 蟛蜞是淡水产小型蟹类，学名相手蟹。——编者注

nà dòu　纳豆

　　纳豆是日本独特的食物，臭气冲天，人们对它讨厌或喜欢的感觉都非常强烈，没有中间路线，就像我们对咸鱼一样。

　　把大豆煮了之后放进曲菌发酵，包在稻草包中卖的乡下纳豆当今已少见，如今都是用一包包塑料袋装的，奉送一小包酱油和一小包芥末。

　　纳豆本身的咸味不足，吃时要略加酱油，上面铺些姜花，还要把一点点的黄色芥末混进去，匆匆忙忙拼命乱搅一番就可以吃了。夹进口之前旋转、挥动筷子，那些黏黏的丝才能抽断。说得容易，但要长期训练，才能吃得完美。不习惯的人总是弄得一塌糊涂，满手满脸都是纳豆丝。

　　像南洋人对榴梿一样，如果你能欣赏纳豆，就更能享受在日本的生活；怎么也不喜欢的话，就放弃它吧！

　　最通常的吃法是早餐时盛一碗热腾腾的白饭，铺下纳豆，再打个生鸡蛋进去搅糊了吃，样子和口感对我来说都是十分恐怖的。

　　放好几片熏鸭，将萝卜干切丁，增加爽脆的口感；将紫菜切丝点缀，加生磨的山葵，日本人已认为豪华奢侈。

　　把纳豆洗一洗，除掉薄皮，再加三杯醋，就是酸纳豆。芋茎密切，加葱花，用纳豆来煮味噌汤。用油爆香纳豆，加鸡蛋和冷饭一起炒，便是纳豆炒饭。和猪肉、牛肉或者海鲜混在一起再加咖喱酱，便是咖喱纳豆了。铺纳豆在饭上，加山葵，用热茶冲一冲，叫纳豆茶渍。蘸一点面粉去炸，就是纳豆天妇罗。把纳豆用鸡蛋皮包起来，就是纳豆奄姆烈[①]。

还有更花巧的纳豆包，割开一块带甜的豆腐包，把纳豆装在里面，大功告成。

旅行时，可带一包脱水的纳豆干送啤酒，乐事也。

日本全国纳豆总评会选出的最好的纳豆叫"大力部屋"，只在新潟县才买得到。

纳豆含有大量的维生素 K，据说吃了延年益寿。不喜欢它的味道的人，宁死勿食。

níng méng 柠檬

柠檬，指的是黄色的果实，与绿色、较小的青柠味道十分接近，是同一属，但不同种。前者的英文名为 Lemon，后者被称为 Lime，两种果实，不能混淆。

柠檬一词可能由原名 Lemon 音译而来。宋朝文献有记载，中国的柠檬是由阿拉伯人带来的，但应该在唐朝已有人种植。

关于柠檬的原产地众说纷纭，它在公元前 1 世纪已传到地中海各国，庞贝古城的壁画中有柠檬出现，火山爆发在公元 79 年，时间没有算错。

---

① 奄姆烈，意为煎蛋饼，为 Omelette 的音译。——编者注

柠檬是芸香科柑橘属的常绿小乔木，嫩叶呈紫红色，花白色带紫，有点香味。两三年便能结果，椭圆形，拳头般大。在意大利乡下常见巨大的柠檬，有如柚子。

带着芬芳的强烈酸性，是柠檬独有的。一开始就有人将其用在饮食上，是最自然和高级的醋。药疗作用，反而是后来才发现的。

航海的水手，最先知道柠檬能治坏血病。中医也记载它能止咳化痰、生津健脾。现代的化验得知它的维生素 C 含量极高，对于预防骨质疏松，增强免疫力很有帮助。当今还说柠檬可以令皮肤洁白，制成的香油，占美容市场很重要的位置。

最普遍的吃法是加水和糖之后做成柠檬汁（Lemonade），它是美国夏天的最佳饮品，每个小镇的家庭都做来自饮或宴客，是生活的一部分了。

柠檬和洋茶配合最好，嗜茶者已不可一日无此君。说到鱼的料理，不管煮或烧，西洋大厨，无不挤点柠檬汁淋上的，好像没有了柠檬，就做不出来。

中菜少用柠檬入馔，最多是切成半圆形的薄片，放在碟边当装饰而已。

反而是印度人和阿拉伯人用得多。印度的第一道前菜就是腌制的柠檬，让其酸性引起食欲。中东菜在肉里也加柠檬，来让肉质软化。希腊人挤柠檬汁进汤中。有种叫 Avgolemono 的汤，是将柠檬汁混进鸡蛋里打出来的。

做甜品和果酱，柠檬是重要原料之一。中国香港人也极爱把它腌制为干果，叫甘草柠檬。

柠檬的黄色极为鲜艳，画家用的颜料之中，就有种叫作柠檬黄色

（Lemon Yellow）的。

niú　牛

"牛"这个题材实在太广了。牛的吃法千变万化，除了印度人和一些佛教徒不吃牛肉，几乎世界各地的人都吃，牛肉成为人类最熟悉的一种肉类。

出于仁慈之意，想到老牛耕了一辈子的田，还要吃它，是否于心不忍？但当今的牛多数是养的，什么活儿都不必做，就当它是猪好了，可以吃得心安理得。

老友小不点做台湾牛肉面最拿手，请她出来开店，她说生意越好屠的牛越多，不肯为之，一门手艺失传在即，实在可惜。

最有味道、最柔软、最油腻的当然是叫肥牛的那个部分了。这不是每只牛都有的，名副其实地要肥的，拿来吃火锅最适当，原汁原味嘛。要烹调的话，就是白灼了。

怎么灼？盛一锅水，下黄姜末、万字酱油；等水滚了，把切片的肥牛放进去，水的温度即降，这时把肉捞起来。待水再滚，把半生熟的肉放进去，熄火，一道完美的白灼肥牛就诞生了。

西洋人的牛扒、韩国人的烤肉、日本人的铁板烧，都是以牛为主。牛也不一定要现屠现吃。洋人还讲究名为干式熟成（Dry aged）的烹调法——把牛肉挂在大型的冰箱中，等酶把肉纤维化，使其更有肉味、更柔软。

所有肉类中也只有牛肉较干净，有些牛扒血淋淋的，也可以直接吃。吃生的更是无妨，西餐中的鞑靼牛肉，就是取牛肉最肥美的那部分剁碎生吃的。韩国人的菜肴 Yukei 也是将生牛肉切丝上桌，加蜜糖梨丝来吃的。

我见过一位法国友人给两个女儿做菜，把一大块生牛扒放进搅拌机内，加大量的蒜头，磨出来就那么吃，两个女儿长得亭亭玉立，一点儿事也没有。

被世界公认为最好吃的牛肉，当然是日本的"和牛"（Wagyu）了。Wagyu 这个罗马字拼法也在欧美流行起来，许多欧美人吃牛肉非和牛不欢。但爱好普通牛肉的人认为"和牛"的肉味不够，怎么柔软也没用。

传说"和牛"是要喂啤酒和人工按摩才养得出的。我问过神户养牛的人有没有这回事，他回答"有"，不过是"当电视台摄影队来拍的时候"。

niú yóu　牛油

吃西餐，愈是名餐厅，上菜愈慢。等待之余，手无聊，肚子又饿，就开始拿面包和牛油对付了；但吃得太饱，主菜反而失色，这是最严重的问题。

这时只能把面包当成前菜吃，撕一小块，涂上牛油，慢慢品尝牛油的香味。吃不惯牛油的朋友，可以在上面撒一点点盐，即刻变为一道下酒菜。饭前的烈酒一喝，胃口就大增，气氛也愉快得多。

有些菜一定要用牛油烹调才够香，像从荷兰或澳大利亚运到的蘑菇，足足有一块小牛扒那么巨大。用一张面纸浸浸水，仔细地擦干净蘑菇备用。这时在平底镬中放一片牛油，等油冒烟放下蘑菇，双面各煎数十秒，最后淋上酱油，即刻入碟，用刀叉切片食之，香喷喷，又甜得难以置信，是天下美味。

青口、大蛤蜊、蛏子等都要牛油来烹调。用一个大的深底锅，放牛油进去，再下蒜蓉和西洋芫荽碎爆香。这时把贝类加入，撒盐，最后淋上白酒（千万别用品质差的加利福尼亚州白酒），盖上锅盖，双手把整个锅拿起在火上翻动，翻至贝壳打开，即成。做法简单明了，吃的人分辨不出是你做的，还是米其林三星师傅的手笔。

牛油也不一定用在西餐中，南洋很多名菜都要用上，像胡椒蟹就非牛油不可。

将螃蟹斩件，备用。在镬中把牛油融化，把黑胡椒粉爆一爆，放螃蟹进去，由生炒到熟为止。当今的所谓避风塘炒蟹，是将原料用油炸了才炒的。这么一炸，什么甜味都走光，又干又瘪，有何美味可言？炒螃蟹一定要名副其实地"炒"才行。

最简单的早餐烤面包，经过电炉一烤制，就不好吃了。先把炭烧红，用个铁笼夹子夹住面包，放在炭上双面烤之，最后把那片牛油放在面包上。等它"嗞"一声融化，进入面包，再将面包切成六小块，一块一块仔细吃，才算对得起面包。

我最讨厌的就是米其林人造牛油了。要吃油就吃油，还扮什么大家闺秀！奇怪的是天下人都怕猪油，我是不怕猪油的，用猪油来涂面包，一定比牛油好吃得多。

pí dàn　皮蛋

　　皮蛋，最早叫为混沌子，又叫变蛋，中国北方人称之为松花蛋，洋人半开玩笑地说是"千年蛋"（thousand-year-old eggs）。

　　古书记载，做法为："取燃炭灰一斗，石灰一升，盐水调入，锅烹一沸，俟温，苴于卵上，五七日。"

　　当今做的，虽然掺了谷壳，基本上还是有石灰和盐分的。至于要腌制多久，古书上的五七日就是五乘七，三十五天。

　　以香港地区的气候，只要一个月。"镛记"供应的皮蛋，永远是最佳状态。本以为有什么秘诀，老板回答说全靠最适当的日子吃罢了，天气较热时腌制 28 天，冷了 33 天。每天做，依顺序吃，总是有溏心。不然太早了蛋黄不熟带着黄色，太迟了整个蛋坚硬，都不适当。

　　最通常的吃法是配着酸姜片，姜片不能太咸或太酸，略带甜最佳。

　　江南或北方的家常菜，则是用皮蛋、豆腐和猪肉松，淋上酱油和麻油，凉拌来吃。做这道菜的秘诀在于把姜剁成细末，撒在蛋上。

　　广东有皮蛋瘦肉粥，是最普遍的一种早餐。广东人也将皮蛋煲汤，用鲜鱼片和大量芫荽去煮，将皮蛋切成骰子般方丁，较为正宗。

　　所谓的三色蛋，是将新鲜鸡蛋、咸蛋和皮蛋混在一起蒸出来的菜。

　　泰国也有鸳鸯蛋这道菜，是把鸡蛋焓熟后，挖出蛋黄，塞入皮蛋，再拿去油炸。这大概是由"熘松花"演变出来的，古时做法是将皮蛋切瓣，裹上面粉，入油锅炸至金黄，再入锅加用葱蒜姜醋等调料配好的芡汁轻熘而成。

　　也有人做"炒皮蛋松"，是把皮蛋、猪肉都切丁，分别过油，再下新笋、茭白、莴苣、黄瓜丁，另将虾仁、香菇、葱花、江米和辣椒干一起下盐、酒、糖、醋去炒来吃。

切皮蛋时，最忌用刀，让蛋带了锈味，就怎么做也不好吃了。但今人已觉得用线来分开，是顶麻烦的事。那么，去买一把瓷制的刀好了，它非常锋利，又因是化学瓷，不会碎。

"月半日做，则黄居中"的说法很有趣，根据潮汐原理，每逢初一、十五，月亮与太阳对地球的引力最大，这时候做的皮蛋，黄会居中，其他时间做的都偏离。

pí pa　枇杷

枇杷原产于中国，一千年前已有人培植，后来传播到日本去，因为它耐热御寒，可以种植在很广阔的地带，从以色列、印度到美国和欧洲诸国都能生长，但其味道太过清淡，并没在中国和日本之外流行起来。

枇杷属于蔷薇科的常绿树，可以长到 23 英尺高，木质优秀，拿来做管弦乐器是一流的。它的英文名为 Loquat，最初传到欧洲，是当作观赏用的，很少人会去吃它。

果实有鸡蛋般大，有黄、橙和琥珀色的外皮，若带斑点，则表示已经完熟，是最甜的时候。中间有 4 ~ 10 颗硬核，洋人曾经将核磨成粉当香料，但已失传。

日本人的枇杷，被洋人叫作"日本枸杞"（Japanese medlar），听着像和枸杞也有亲戚关系，但枸杞实际从来没长得那么大，这个叫法有点不当。

古时枇杷摘下之后容易腐烂，作为商品并没有太大的价值。但当今已把它的基因改变，它已能耐久。不过其味尽失，当今要吃到又甜又软熟的枇杷，已经难得。

真正优质的枇杷有阵清香，是别的水果所无的，水分糖分都充足；但成熟期极短，产地甚少，价钱极贵。

皮有细毛，多数人会剥了才吃，其实皮的营养极为丰富，只要洗得干净，又将细毛揉走，就连那皮吃，味道更佳。

除了生吃，枇杷还可以制果酱，也能混入鱼胶粉，做成啫喱。喜欢它的清香的洋人，也有把枇杷当成沙拉来吃的。

当今在市场上买到的枇杷，酸的居多，又甚硬，但是个头比从前的大，肉又厚，售价便宜，唯有将之入馔。

将枇杷顶部片掉，挖空核后，把虾、猪肉剁烂，撒上大地鱼干磨成的粉末，混在一起后酿入枇杷，隔水猛火蒸15分钟，即成。记得把枇杷的底部也削一小刀，才能平放，上桌时在碟子上排成一圈，又美丽又好吃。

将酸枇杷用糖水煮一煮，切半，挖出种子，然后用玫瑰、青柠和黑加仑汁煮各种不同颜色和味道的大菜糕，浇入枇杷。冷却凝固后，又是一道很特别的甜品。

P

pín guǒ　苹果

苹果无处不在，除了热带和南北极，其他地区都长苹果。最初的野生苹果并不好吃，我们在欧洲旅行时常看到一棵树上长满了红色小点状果实，是欧洲人所谓的 Crabapple[①]，只有金橘般大。摘下来试吃，又涩又酸。

改良苹果品种的方法很多，有的接枝，有的混合花粉，有的把种子劐开夹另一个种，于是苹果愈来愈甜、大颗、美丽。日本人最拿手，种出富士苹果来。此苹果当今也在中国种，价钱便宜得不得了。日本还有一种叫"蜜入"（Mitsuiri）的，传统做法是把蜜糖用针筒打进苹果芯中，我没亲眼见过，不知道是不是真的。

我们关心的是如何把苹果变成佳肴，不用去管它的来源和种植。

一般，欧洲的苹果是分成直接吃的和烧菜用的，后者样子较丑，多为青绿色，酸性也较大。

我们在市面上能看到的都是生吃的苹果，已不分煮菜用的了。在中餐里，以苹果入馔的例子很少，西方就丰富多彩了，通常是烤来做苹果派，趁热吃，最好的配方是加上一个雪糕同时上桌。

也常看到西方人溶了一大桶红色的糖浆，用支像筷子的木条插着苹果，浸在糖浆中，等凝固，再拿出来咬，很受儿童喜爱。

自古以来，西方人明白苹果能吸去肉类的脂肪，故他们煮肉汤时常

---

① Crabapple 即红果，野苹果。——编者注

把苹果切成方丁加进去。我们也能用同样的方法烹调，在家中熬汤时可选西施骨，过一过滚水后捞起，洗净，再放进锅中和苹果一起煲。

街市中的生果（鲜果）档里，苹果最便宜，也不必买什么贵的，选一盘 5 个卖两三元的好了。

买个电器慢煮煲（Slow Cooker），临睡之前将排骨和苹果扔进去，加水，煮一夜；到了第二天那股香味会把你叫醒。不爱下厨房者一直抱怨没有什么汤水喝，用这个烹调法又简单又方便，再怎么懒，也做得到吧？

qí yì guǒ　奇异果

　　奇异果这个名字取得好，不知情的人听其名，还以为像热情果一样，是外国输入的。但据专家研究，它其实就是中国古名为猕猴桃的水果，反而是从中国移植到澳大利亚和新西兰去的。

　　新西兰人已把它当成国宝，称之为Kiwifruit，因为它毛茸茸的，像只奇异鸟（Kiwi）。后来，新西兰人干脆叫自己为Kiwi。

　　奇异果呈椭圆形，像鸡蛋那么大；表皮褐色，带着细毛。切开来，肉呈绿色，有并排的黑色种子，味道甚独特，一般都很酸。

　　种植最多的反而是新西兰，新西兰人在近年还改良品种，种出外皮金黄的奇异果来，汁多，肉也转甜了，非常美味。

　　以色列更是在沙漠中种出奇异果，皮绿色，个头很小，只有葡萄那么大，也很甜。

　　因为产量多而需大肆宣传，由新西兰放出的消息，简直把奇异果当成神奇的药物，说它能减压、益智、促进肠蠕动、令人安眠，又是美容圣品；要减肥，非靠它不可。

　　中医解为：味酸、性寒、清热生津、利尿、健脾。这一说，好像较为踏实。因性寒，容易伤胃而引起腹泻，不宜过量食之反而是真的；尤其脾胃虚弱的人，更应忌之。胃酸过多的，可用奇异果滚汤来中和。做法是下甘菊花、党参、杜仲，先在水中滚一滚，倒掉，然后加瘦肉和奇异果去煲。但记住别用铁锅，用砂锅煲较宜。

　　洋人多是直接削皮当水果吃，做起甜品来，因奇异果的绿色鲜艳，它已经是不可缺少的装饰品，榨汁喝也最为普遍。为了减少酸性，可将绿色的奇异果掺以黄色的，再加上细粒的以色列种，下点甜酒饭后吃，就比较好玩和美味。

也有人把整颗的奇异果放进红色啫喱之中，多放一点鱼胶粉，令啫喱变硬，待其冷却后切片，煞是好看。

中菜里也有冻的，先炒香中芹，油爆鱿鱼腩去腥，最后放入奇异果，下大量胡椒粉，滚成浓汤。鱿鱼有胶质，摊冷①后放进冰箱，结成冻，是夏天一道很好的开胃菜。

qiáo 荞

荞应该是中国人种的作物之一，传播到亚洲各地。欧美人不懂得吃，故无洋名。

秋天，荞开紫红色的花，放射性地散出来，像一个在空中爆开的烟花，非常漂亮，中国人还会去找它的根来吃。

根部结成葱蒜般的瓣，吃起来有股强劲的味道，味道与葱和蒜完全不同，并不是每一个人都接受得了。想必外国人也试过，不适合他们的胃口才不栽培吧。

荞的特性是生命力强，在任何贫瘠的土地上都能生长，第一年就能

---

① 摊冷指把食物放凉。——编者注

收获，头数不多；到了翌年就非常富余，多得吃不完会被拿去做泡菜。

荞头（薤头）口感很爽脆，咬起来嚓嚓有声，那阵辛辣没有椒类那么厉害，但也有刺激性。

从中国传到日本，日本人称之为辣韭（Rakkyo），又名砂糖蒜，可见种出来的是辛辣之中带有甜味的。它在日本最初是被当成草药的，叫作"于保美良"。

新鲜的荞，可以直接拔出来，把茎部和根部都切成丝来炒猪肉，是一道很受欢迎的菜式，通常的调味方式是除了盐或酱油，还下一点糖，就很好吃。

由此延伸，亦可将荞丝和韭菜、京葱、蒜苗和辣椒丝一起清炒，五种不同的味道和口感都很刺激。胃口不佳时，这是道好菜。

最简单的，当然是把荞丝放在滚水中一灼，淋上点蚝油或中国台湾地区产的荫油（也被叫作酱油膏）的酱料来吃。

荞头一般都被当作泡菜，在商店中很容易找到用白醋和糖腌制的荞头。广东人有种习惯，那就是上菜之前，在桌子上先摆一碟糖醋荞头来送酒。

除了醋，有时也将荞头浸在酱油中腌制，更有人加入紫苏叶，将荞头染红，增加食欲。

荞头大小各异，有些橄榄般大，有些小得像大豆，味道则是一样的。

花开了，但不结种子，种植起来是把一瓣荞头插入泥土或砂石之中就能生长。当成园艺，欣赏它的花，亦为乐趣。

qié zi 茄子

茄子不难种，小时候看到花园中长出五角形的紫花，不久，就在七八月长出茄子来，它是夏天的代表性蔬菜之一。

茄子原产于印度，它遍布世界各地，含有很浓的维生素 C、钙质和膳食纤维，是血压高的人的良品。

茄子的形状可以说千变万化，圆如橘，长似青瓜，肥若鸡蛋。颜色以深紫色为主，也有白的、绿的，我甚至看过红色的茄子。

吃泰国菜时，常见圆得像绿豆的食材，咬了冒出一阵茄味，才知道是茄子的一种。

茄子吃进口的感觉很淡，又有一股独特滋味，对它很容易分辨喜恶，没有中间路线。

茄子煮熟或蒸熟后软绵绵的，那种口感也令人爱憎分明。

因为世界各地都有茄子，所以煮法多不胜数。中国菜中代表性的是鱼香茄子，其实与鱼无关。

有种秋天生的茄子，又白又长，很甜，用滚水渌熟，淋上酱油，即食之，美味无穷。

原产地印度当然会多拿它煮咖喱，也有凉拌着吃的。希腊、中东一带的茄子，被浸在醋里，酸溜溜的。你认为咽不下喉，当地人觉得是绝品。

意大利菜中更少不了茄子，尤其是在意大利人的冷盘中，西红柿、茄子占极重要席位。

把茄子煮熟后剥皮，取出中间柔软的肉，搅成糊状，再加甜酸苦辣的配料，又是各种不同的吃法。

日本的茄子又肥又大，像柚子般大的不出奇，多数是紫色的。日本人把茄子切半后，上面铺了甜面豉，直接烤熟来吃，叫作田菜烧，是最具代表性的做法。

我一向认为茄子本身乏味，如果不是有秋茄那么好的品种，以素菜的做法就太过单调，一定要加肉烹调才行。

把茄子切片，用油爆至软熟，加肉碎去炒，是一道很受欢迎的家常菜。

广东人对茄子的印象，总是小时候在街边吃到的酿鲮鱼的煎茄子，相当难吃。但是长大后想念，又去小贩处买一串来怀旧一番。

qín cài　芹菜

芹菜（Celery）有个家族，首先分中芹和西芹。

前者茎叶瘦小，后者肥大。中芹亦有水芹菜和旱芹菜之分，水芹菜长于湿地，生白色小花，有阵异香，可制香薰油；旱芹菜长于旱地，与水芹菜相比更加粗大，香味更浓。

种植一两年后便能收成，芹菜味道有个性，不是人人都能接受，爱上了则必吃出瘾来。

中芹多用作炒菜的配料，亦能当冷盘。

西芹生吃居多，做成沙拉，但也可以用盐醋渍之。日本人将芹菜煮熟后，在上面撒上木鱼屑，淋以酱油，是清淡又美味的吃法。

很多人不知道，还有一种块根芹（Celeriac）也可以当菜吃。它也是芹菜的一种，肥大的根部用来煮汤、炆肉、生吃也行，味道相当古怪。

日本人喜爱的三叶（Mitsuba）也是芹菜家族的成员，吃不惯的人说有股肥皂味，通常用来撒于汤上，有时炖蛋亦能派上用场，7月吃最合时宜。

叫作西洋芫荽的Parsley是芹菜的亲戚，样子像东方芫荽，但是较为粗壮，味道也不一样，通常是被切为碎片，和牛油、白酒一起煮白汁，烧蛤蚬等海鲜最为美味。

意大利的西洋芫荽样子像东方水芹菜，也似西洋菜，多数是切碎了撒在意大利面上，有时也用来煲汤。

球茎茴香（Florence Fennel），有洋葱式的头，长出西芹的茎叶，也是芹菜的变种。叶可煮鱼，茎可烧肉，有除腥作用，这种蔬菜的吃法并不普遍。

芹菜已是一种不可缺少的食材。西芹带些甜味，更惹人喜欢。中芹最适合与牛肉相配。清炖牛腱，最后下中芹，美味无比。

若论西洋名字，除了Celery，水芹菜叫作Water Dropwort，三叶则被称为Japanese Hornwort。

在意大利点菜，看到叫Sepano的就是西芹。多认识一点，在欧洲旅行时也更方便。

Q

青瓜本名胡瓜，当然是外国传来的，北方人称之为黄瓜或花瓜，但青瓜本来就多呈青色嘛，还是广东人叫青瓜直截了当。

青瓜分大青瓜和小青瓜两种，前者中间多籽，籽可吃，有它独特的味道；当今流行吃后者，其外皮有不刺人的刺，故也叫作刺瓜，肉爽脆，最宜生吃。

最简单的做法就是切片或切条，蘸盐或淋酱油生吃，日本人会拿来蘸由原粒豆豉秘制的面豉。此种面豉带甜，被称为 Morokyu。洋人将青瓜用在沙拉之中。

泡青瓜可以很容易，切片后捏一把盐即成。要更惹味，加糖和醋；要更刺激的话，切辣椒，春虾米、花生去泡，非常开胃。

复杂的做法是将它头部连起来，身切十字形，中间放大量蒜头、辣椒粉和鱼肠，这是韩国人的做法，叫 Oi Kimchi。

德国人最爱将整条青瓜浸在醋中，捞起直接吃；切片则用在热狗中。

青瓜烹调起来，有繁复的潮州半煎煮法：把鲜虾或鱼煎了，再炒青瓜，最后一起拿去滚汤，鲜甜到极点。

南洋鸡饭也少不了青瓜，通常用的是多籽的大青瓜，放在碟底，再铺上鸡肉。

大青瓜带苦，除苦的方法是切开一头一尾，拿头尾在瓜身上顺时针磨，即有白沫出现。洗净，苦味即消。

拿它来榨汁喝，有解毒、美容的作用；切开了贴在脸上，比一些面膜的功能更显著。有时一片面膜的钱，可买几十条青瓜。

青瓜为攀附式的植物，当今栽培，多立枝或拉网，没有古人"竹棚下长瓜"的幽雅了。

青瓜叶呈心形，雌雄皆开黄色的花，很漂亮。最可爱的吃法是把结成小小条的青瓜连花摆在碟上，蘸五种酱料吃，悦目又可口。

英国上流社会爱吃青瓜三明治，这在王尔德的小说中多次出现，我们常笑太过贫乏。

英国正宗的青瓜三明治的做法是：把大青瓜削皮，切成纸般薄片，揉点盐，放 15 分钟去水，再用毛巾压干。面包去皮，不烘，涂上甜牛油，下面那片面包的上层叠青瓜，撒胡椒和盐，盖在上面的那层面包也得涂牛油。合之，斜切半，则成。

qīng kǒu　青口

青口，英文名叫 Mussel，法文名叫 Moules，日本人称之为紫贻贝或绿贻贝。

它是一种软体动物，贴附到岩石或桥墩时便很快地生长成 1 ~ 2 英寸长的贝类，外壳颜色由紫至深黑，内壳带绿色。

在中国香港地区的海边采集到的青口，是这种贝类中品质最差的。剥开壳一看，肉中还有一撮毛，有点异味，并不好吃；产量又多，卖不上价钱，从前在庙街还有一档卖生灼青口的，是醉汉爱吃的最便宜的下酒菜。

一到欧洲，它的身价就不同了，法国人在13世纪初当它是宝，宫廷菜中也出现了青口，但用的都是不同的品种，味清香，又很肥大，让人百食不厌。

世界各地都长青口，因为它容易贴在船底生长，船到什么地方就生长在什么地方。

当今海洋污染，野生的青口有危险性，多含重金属，少吃为妙。

养殖青口有三种办法，第一种办法是在浅海的床底插上木条，播下种，就能收成；但是此法有弊病，由于涨潮退潮，幼贝不能长时间摄取微生物或海藻。第二种办法是干脆造个平底的木筏，浸在海中。第三种办法是插一巨木在海底，再放射式地绑上绳子，让青口在绳上长大，此法西班牙人最拿手。

西班牙的海鲜饭（Paella）少不了青口，土耳其人也喜欢将碎肉酿入青口烹调，意大利人更把青口当成粉面的配料，穆卡拉式煮贻贝（Mouclade）和白葡萄酒烩青口贝（Moules Mariniere）是以青口为原料的法国名菜。

基本上，最新鲜肥美的青口是可以生吃的，但全世界人都没有这种习惯，连日本人也不肯拿它当刺身。

最佳品种是法国布洛涅区的维姆勒青口，体积较小，只有1英寸左右，样子肥嘟嘟的，壳很干净。

吃法简单，将一个大锅加热后，放一片牛油在锅底，把大量的蒜蓉爆香，放青口进去，倒入半瓶白餐酒，上盖，双手抓锅使劲翻动，1分钟后即成，别忘记下盐和撒上西洋芫荽碎。这时香喷喷的青口个个打开，选一个最小的，挑出它的肉吃完，就把壳当成工具，一开一合地将别的青口肉夹出来。法国人看到你这种吃法，知你是老饕，也许会脱帽敬礼。

qīng níng　青柠

青柠（Lime），原产于马来西亚，中国台湾地区的人音译为莱姆。

体积比黄柠檬小，呈圆形。无核，绿色皮薄，较光滑。酸性则有黄色柠檬的一倍半之多。

青柠的芳香与柠檬有微妙的不同。柠檬多长于温带，而青柠则在热带和亚热带盛产。

长白色小花，洋人也有将青柠花晒干加入红茶的习惯，做法像我们的香片。

种类变化极多，有些青柠还带甜呢。分布也很广，从中东到欧洲、印度和东南亚，最后在美洲落脚。墨西哥的产量最多，墨西哥人喝啤酒时流行把青柠切成四块，挤一块的汁进去；或者直接吸，然后灌一口特其拉酒。

和柠檬一样，青柠富含维生素 C，可以说是一种"治疗水果"，据说能防癌，有降胆固醇之功效；但人们多数只注重其酸味，其更是东南亚料理中不可缺少的食材。

越南菜一定有青柠，先将其放入越南人最喜爱的鱼露，以中和它的盐分。柑橘菠萝鸡的做法和中国的咕噜肉一样，不同的是以青柠汁代替了醋，猪肉改为鸡肉而已。越南的酸汤，是用香茅去熬海鲜或牛肉，加上一种叫白露的香料，再淋大量青柠汁而成。

泰国的冬荫功异曲同工，也需青柠汁。煮起乌头鱼来，更非加不可。

最后别忘记柠檬苏打这种最流行的饮品，用的不是柠檬而是青柠。

变种的青柠，叫作卡曼橘（Calamansi），菲律宾最多，马来人也最喜爱，反而在泰国和其他湄公河沿岸诸国中找不到。

马来华侨叫 Calamansi 为"桔仔"，它如鱼蛋般大，呈深绿色，肉黄。它的香味最为浓厚，通常就是直接挤汁，加糖、加水、加冰来喝。也可以割四刀，挤出汁和取掉核之前，把一个陶瓮翻底，用粗糙部分把橘子皮的涩味磨掉，再加糖后晒成蜜饯，十分美味。

宴客时，先来一道开胃的前菜，做法简单：把虾米、猪油渣、爆香的花生及红辣椒舂碎，切青瓜丝和红干葱片，放盐和糖，最后挤大量的橘子汁去凉拌。酸甜苦辣，惹味到极点。当然，找不到橘子的时候，以柠檬汁代替亦可。

rè qíng guǒ **热情果**

热情果（Passion Fruit），中国人按英文名的发音译成百香果，也妙不可言。

热情果原产于南美洲，当今种植到热带和亚热带各国去，在大洋洲也大量生产，是种爬藤植物，年初种植，年尾便有水果收成。它不择土质，耐热耐寒、粗生粗长，又自授花粉，可以不必怎么打理就一直长出果实来。

果实适合贮藏，放两三个月都不坏，可以用船运到任何地方去，世界每一个角落都有热情果可食。

果汁含有多种对人体有益的元素，如蛋白质、多种氨基酸和维生素C等，还有排毒的作用，对喜欢喝酒的人来说是良物，它不但能解酒，还防血压高。

用手打开软脆的果壳，里面就露出一排排、一颗颗的种子。种子核呈黑色，被一层透明的黄色软膏包着，人们吃的就是这种果肉，连核也一块咬碎。味道酸的居多，也有特甜的，叫甜西番莲（Sweet Granadilla），种植于墨西哥和夏威夷，因为皮呈黄色，有时也被称为水柠檬。

果实外表有多种颜色，有些是绿的，有些是红的，有些是深紫的。大小也不一，从荔枝到苹果般大小；也有些很长，像香蕉，叫作香蕉热情果（Banana Passion Fruit）。

热情果核和果肉的结合，像石榴籽，其西班牙名中也带着石榴一词。一些墨西哥菜上面会淋白色的乳酱，撒红色的石榴籽，非常漂亮。

黄色的热情果种子也可以同样运用。

　　大多数是榨汁喝，制成的分量少，可调大量的水。印度尼西亚有种热情果汁叫 Markeesa，很受当地人欢迎。在大洋洲，做当地最著名的蛋糕巴芙露娃（Pavlova），也非加热情果不可。

ròu guì　肉桂

　　肉桂（Cinnamon），原产于斯里兰卡，野树可长高至三四十英尺，种植的控制在 8 英尺左右。剥下树皮，洒水，让它发酵后晒干，就成为最普遍用的香料之一。

　　桂皮（Cassia）和肉桂是两种不同的植物，味道虽然相似，但前者档次较低。人们经常混淆，法国人简直区分不开，把两种东西都叫成 Cannelle。

　　中国人以肉桂入药的例子，多过用于烹调。药膳中也有桂浆粥，将肉桂研末。粳米加水煮至米开花时，加肉桂和红糖，吃后能加强消化机能，舒缓肠胃疼痛。五香粉的成分中，肉桂是其一。

　　所有香料，在西方的主要作用，都是清除肉中的异味。早在公元前 4 世纪，已有文字记载肉桂的用处。

　　当葡萄牙人发现锡兰（现斯里兰卡）有肉桂之后，此地便是兵家争夺的对象。荷兰人将它从葡萄牙人手上抢了过来，之后它又被英国夺回当殖民地。其实，产肉桂的地方很广，像塞舌尔群岛、印度尼西亚，甚至中国南方，都种肉桂树，当今已没那么珍贵了。

当树干长至手臂般粗时，农民便将最外面那层皮剥开，再用尖器一层层折下里面的旋卷组织，晒干了成翎管状，就叫肉桂条了。

洋人喜欢把滚水倒入杯中，加糖，用肉桂条慢慢搅拌，浸出味道来当茶喝。

通常，也将肉桂皮磨成粉。最常见到的是在咖啡泡沫上撒的肉桂粉。

朱古力中加肉桂，味道非常特别。做蛋糕时，肉桂也是常用的，烘面包更少不了肉桂。

在中东旅行时，我经常发现当地的菜肴中加了肉桂，像摩洛哥人的红烧肉 Tagine 和伊朗人做的炖菜 Khoresht。

市面上卖的肉桂，有许多是用桂皮来混淆的，两种皮很难辨认。大致上，可以从它们的香味中闻出，肉桂比桂皮香得多，而且肉桂多含树油，不像桂皮那么枯而不润。

磨成粉后，更难分出真伪。许多肉桂粉都混了桂皮，只有向老字号的药店购买，才较可靠。

韩国人拿肉桂煮水，加蜜糖，冷冻。上桌时撒上红枣片和松子，是夏天最好的甜品。

shā gě　**沙葛**

沙葛，又名凉薯、豆薯，属于地下变种的块根植物，叶像萝卜，根部椭圆，小的像巨梨，大的如柚子。外皮褐色，相当硬，但很容易撕开，露出雪白的肉来；水分多，口感爽脆，略甜。

沙葛适宜在 25 ~ 30 摄氏度的区域种植，故南洋一带也盛产沙葛，马来人称之为 Munkuan，为日常蔬菜之一。

在中国香港地区的菜市场中也很容易买到，从前都是新界人种的，售价低；当今只能靠从内地进货，电白区岭门镇大量种植，运到珠江三角洲、澳门和香港地区来卖。

从来没听过洋人吃沙葛的例子，在他们的食材百科全书之中也找不到多少根状食物，他们充其量只会吃马铃薯、红萝卜罢了。

广东人最普遍的吃法是用沙葛来煲汤，将沙葛切成大块，加猪骨进去煲个数小时，不够甜的时候下几粒蜜枣。把沙葛煲得快烂掉，当汤渣吃也没有什么吃头。

能感觉到沙葛的美味，是用它来炆排骨的时候。味道虽然鲜甜，但炆后的沙葛也太烂了。最好的吃法，是刮下鲮鱼肉，做成饼状，油炸后切片，叫成鱼松，其实和肉松的状态完全不同。用鱼松半炆半炒沙葛丝，是非常美味的一道菜。

因为广东人觉得沙葛性凉，不宜多吃，所以烹调方式并不多；但是南洋地方热，性凉的东西最好，故烹调花样丰富。

在南洋，最常吃的是"炒罗惹"（Rojak）；这道马来菜就是沙拉。华人称之为炒，其实并不是炒，而是拌。先用一个大陶钵，放进乌黑浓郁的虾头膏（一种用虾头发酵出来的膏酱），加入大量花生碎、白糖和亚参水①、辣椒酱，搅匀；再削沙葛片、菠萝片、青瓜片等，全部放进去大拌特拌，即成。样子黑黢黢的，并不美观，但美味无穷，食过会上瘾。

不做炒罗惹时，单单把沙葛切片，再涂上虾头膏，已是很可口的凉菜。

南洋人又把所有用萝卜当材料的菜，都以沙葛代替，典型的有沙葛粿等小食。福建家庭包的薄饼，一离开福建到南洋，都是用沙葛了。

shān kuí　山葵

自从中国香港地区的人吃日本鱼生吃上瘾后，山葵（Wasabi）也跟着流行。这种攻鼻的刺激，是前所未有的，对它产生无限的好感。

山葵是种很爱美，又爱干净的植物，通常长在瀑布的周围。水不清，便死掉。

普通寿司店里用的多是粉状山葵，加了水拌成膏和酱油混在一起，蘸着生鱼片来吃。高级铺子才用原型山葵，小胡萝卜般粗，颜色和外表都难看，又黑又绿的毫不起眼。这种山葵实在不便宜，拿来磨了，露出

---

① 亚参水即亚参果水，亚参果又称酸角，是一种热带水果。——编者注

碧绿，美极了。日本人迷信说把山葵膏黏在碗底，放它一阵子，才会更辣，不知是出于什么根据。

山葵愈吃愈想要，香港人吃鱼生时叫师傅给他们一大团，才感到够本。有时我怀疑他们到底是在吃鱼生，还是纯粹吃山葵。

正确的吃法，山葵不应太多，也绝对不混在酱油里。日本人做菜讲究美态，又黑又澄的酱油很美，混了山葵之后就浊了。所以吃刺身时，先用筷子夹一点点山葵，放在鱼生上；再把整块东西蘸酱油，然后放进口中嚼。

这么一来，酱油还是那么美。那一点点山葵比混在酱油中冲淡后更辣。你如果用这方法去吃鱼生，老一辈的日本人会对你肃然起敬。年轻的就不懂了，他们也把山葵混在酱油中吃。

当今的山葵已能用在任何你能想象到的食材上，先是用山葵煲绿豆，又有山葵沙拉酱，也有山葵紫菜等。最后甚至出现了山葵雪糕。

一般人以为山葵只用根部，其实整棵山葵都能吃。最原始的吃法是把山葵的叶子和梗部切段，浸在酱油中一两天，当成泡菜，又咸又辣，很好吃，可以连吞白饭三大碗。

市面上最常见的山葵，是装进牙膏筒的，不知用了什么化学调味剂和薯粉，真正的山葵只下了一点点。比起用它，我宁愿买粉状山葵来做。先把两三汤匙粉放进碗里，再加水，从最少分量的水开始拌它，慢慢再加。要是水一下子放得太多，就救不了了。

我有一个方法请各位试试看：不用水，用日本清酒代替。混出来的山葵膏，特别美味。

shān zhā 山楂

山楂，拉丁学名 Crataegi Fructus，没有俗名，可见不是我们与西洋人共同喜欢的食物，在中国的别名有焦山楂、山楂炭、仙楂、山查、山炉、红果和山里红。

山楂树可以长高至 30 尺。春天开五瓣的白花，雌雄同体，由昆虫受精后长出鱼丸般大的果实，呈粉红至鲜红。秋天成熟，收获后三四天果肉变软，发出芳香。新鲜的山楂果在东方罕见，看到的多数是已经切片后晒成干的。

一颗颗的红色山楂果实，可以生吃，但酸性重，顽童尝了一口即吐出来，大人则在外层加糖，变成了一串串的糖葫芦。

到南美或有些欧洲国家旅行，有些树上长的果实，像迷你型的苹果，很多人不知道是什么，其实也属于山楂的一类，通称墨西哥山楂，英文名字为 Hawthorn，味甚酸，当地人也喜欢用糖来煮成果酱。山楂营养含量很高，100 克的山楂之中，含有约 94 毫克的钙、33 毫克的磷和 2 克的铁。它富含维生素 C，其含量比苹果的要高出四五倍来。

凡是有酸性的东西，中医都说成健脾开胃、消食化滞、活血化瘀等，更有医治泻痢、腰痛、疝气等功能。

最实在的用途，是听老人家的教导：在炊老鸡、牛腿等硬绷绷的肉块时，抓一把山楂片放进锅中，肉很快就软熟。此法可以试试看，非常灵验。

最常接触到的，当然是山楂膏或山楂片了。喝完了苦涩的中药，抓药的人总会送你一些山楂片，甜甜酸酸的，非常好吃，也吃不坏人；当成零食，更是一流。

因为酸性可以促进脂肪的分解，山楂当今已抬头，变成纤体的健康食品。有一种叫"山楂洛神茶"的，用山楂、洛神花、菊花、普洱茶来烹调，说是极有减重作用的饮品。如果要有效地清除坏的胆固醇，用山楂花和叶子来煎服亦行。

山楂凉冻是用大菜来煲山楂，加冰糖、蜜糖，煮成褐色、透明的液体，有时还会加几粒红色的杞子来点缀，结成冻后切片上桌，又好吃又美观。

而和日常生活最有关联的就是山楂汁了，做法最为简单；抓一把山楂片，用水滚过半小时，最后下黄糖即成。味淡就冷冻来喝，过浓则加冰。

为什么有些地方的山楂汁更好喝呢？这是因为用料就复杂，含有金银花、菊花和蜂蜜。

当成食物，可用山楂加糯米煮成山楂粥。当成汤，可用山楂加荸荠及少许白糖煮成雪红汤。

日本人叫作山查子（Sanzashi），当今在日本已见有罐头装的榨鲜山楂汁出售，也有人将山楂浸成水果酒。

近年来，西医也开始重视山楂，认为是辅助降血压的良方。在德国，一项研究指出山楂有助于强化心肌，对于肝病引发的心脏病有一定疗效，所以有人将其制成药丸来卖。

有种中国的成药叫"焦三仙"，是由山楂、麦芽、神曲制成的，用于治疗消化不良、饮食停滞，从前的老饕都知道有这种好物。

如果买不成药，老饕们也会自己煲山楂粥来增进食欲，或用山楂和瘦肉来煲汤。

最有效的，应该是山楂桃仁露，做法为把 1 千克山楂、100 克的核桃仁煲成两三碗糖水，最后下大量的蜜糖。

shān zhú　山竹

榴梿为水果之王，山竹是水果之后，正是山竹味道清新，并不强烈之故。

山竹，英文名为 Mangosteen，名中有个杧果的词，但与杧果一点关系也没有。

树形甚美，可长高至一二十米。单叶对生，叶呈椭圆形；开红色的花，结果季节与榴梿相同。山竹木坚硬，又甸重 ①，可制造家私。

果实和网球一般大，又紫又黑。蒂有黄绿色的果柄，果蒂有如半个银铃，一共有五六瓣。皮很厚，但不坚硬，用双手一掰，即能打开。考究一点，用把刀在圆果中间横割，便能把半圆球形的上半壳打开。果皮肉瓤是很美丽的紫色，中间便有雪白的果实了。

把果实一翻，在底部有个花朵形的图案，就是它的脐了。脐有多少瓣，里面的果实便有多少瓣，一定不会错，可以和小孩玩这个游戏。也可以警告他们，千万别让果皮的紫色液体沾到衣服，否则绝对洗不掉。

---

① 甸重，湘语，意为很重。——编者注

也因为如此，有些人用山竹皮液来当染料。

果肉像蒜瓣一样藏在皮中，有时给蒂上的黏液染成黄色，并不必介意，不会影响其味。熟透的果实，有时会变成半透明色，这情形之下的最为甜美，其他的带酸居多。

小瓣的无核，大瓣的带核，吸食后露出核来，但也有很多纤维黏住。将核吐在泥土中，可给幼苗提供营养。

山竹具有清凉解热的作用，这刚好与榴梿的干燥相反，一属大热，一属大寒，上天造物，实在奇妙。

通常都是把山竹当成水果生吃，但也有例外，在加里曼丹和菲律宾之间的苏禄群岛上，所生的山竹特别酸，当地人用黄砂糖泡之。

马来西亚人也腌制山竹，称之为 Halwa Manggis。

当今的山竹品种已改良，能耐久。原始的易坏，怪不得在 19 世纪，英国维多利亚女王叹息，说自己的领土上生长的果子，还有吃不到的。

shàn 鳝

海鳗都听过，什么叫鳝呢？可以这么分辨：凡是两英尺以下，手指般粗的蛇形淡水鱼，都叫鳝。它无鳞，外表呈黄色，故我们以黄鳝称之。在西洋和日韩，我没看过人吃，它应该是中国独有的品种。

旧时的菜市场中，小贩摆着一堆活鳝，客人挑选后，用根钉钉住鳝头，再把牙刷的柄磨得尖利，一劙就把骨与肉分开卖给客人。

　　拿回家，先用盐去掉鱼皮上的那层潺^①，就可以用来煮炒了。

　　鳝片的烧法数不胜数，最著名的有上海人的鳝糊，是将鳝下镬，加酱料炒熟，装入碟中，上桌之前用滚油把蒜蓉爆香，放在鳝片中间，拿到客人面前，油还在滚，滋滋作响，才是最正宗的，可惜当今的师傅中没多少人会做。

　　而且，处理黄鳝甚为讲究，应将其放在一个皮蛋缸中养三天，不喂任何食物，才能完全去掉泥味并使内脏干净。好的沪菜或杭州的川菜馆不介意让你在厨房看到这种处理过程。

　　来到广东，黄鳝的烹调更是变化多端，最有名的是台山人做的黄鳝饭——分黄鳝煲仔饭、竹筒黄鳝饭、笼仔蒸黄鳝饭、生炒黄鳝饭等。

　　起肉之后，将鳝骨和豆腐滚汤，加芫荽，是道送饭的好菜。

　　黄鳝煲仔饭的正宗做法要由整条活生生的鳝鱼做起。用盐去潺之后，将鱼洗干净，再以滚水烫成半熟，拿起，剥肉去骨。烫过鳝的水不可倒掉，拿来煲饭，待饭收干水时，将鳝肉炒过，再铺在饭上微焗，撒芫荽和葱花，大功告成。

　　吃法也考究，上桌后不要急着抓开盖子，让它再焗个十分钟，捞匀来吃，饭会更香。

　　一般台山餐厅做的煲仔饭，饭是白色的。真正的老饕吃的是黑色的，那是把鳝血也倒进去煲的。

　　鳝片放入高汤中灼一灼，熟后抛入冰水，加大量的冰块，吃时蘸一蘸普通酱油即可，爽脆甘甜无比，是种简单、最基本的吃法。

---

① 潺指黏液。——编者注

从前黄鳝价格低廉，我们吃的都是野生的；当今贵了就养殖，由越南、泰国输入的居多。是否为野生的，试试水温即知，温水中的黄鳝一定是养殖的，它们一进冰冷的水中即死。

shēng cài　生菜

生菜（Lettuce），是类似莴苣的一种青菜。

生菜一般呈球状，从底部一刀切起，收割时连根部分分泌出白色的黏液，故其日本古名为乳草。

生菜带有苦涩味，在春天和秋天两次收成，天冷时较为甜美。其他季节也生，味道普通。

沙拉之中，少不了生菜。生吃时用冰水洗濯更脆。它忌金属，铁锈味存在菜中会久久不散，用刀切不如手剥，这是吃生菜的秘诀，切记切记。

有些人认为只要剥去外叶，生菜就不必再洗。若洗，又很难干，很麻烦，怎么办？农药用得多的今天，洗还是比不洗好。制作生菜沙拉时，将各种蔬菜洗好后，用一片干净的薄布包着，四角拉在手上，摔它几下，菜就干了，各位不妨用此法试试。

生菜直接生吃，味还是嫌寡的，非下油不可。西方人下橄榄油、花生油或粟米油，我们的白灼生菜，如果能淋上猪油，那配合得天衣无缝。

炒生菜时火候要控制得极好，不然生菜就水汪汪了。油下镬，等冒烟，放入生菜，别放太多，兜两兜就能上桌，绝对不能炒得太久。量多的话，分两次炒。因为它可生吃，所以半生熟不要紧。生菜的纤维很脆弱，不像白菜可以煲之不烂，总之灼也好炒也好，两三秒已算久的了。

中国人生吃生菜时，用菜包鸽松或鹌鹑松。把叶子的外围剪掉，弄成个蔬菜的小碗，盛肉后包起来吃。韩国人也喜用生菜包白切肉，有时他们也包面酱、大蒜片、辣椒酱、紫苏叶，味道极佳。

日本人的吃法一贯是最简单的，将生菜白灼之后撒上木鱼丝和酱油，仅此而已。日本京都人爱腌渍来吃，意大利人则把生菜灼熟后撒上帕马森芝士碎。

对于不常进厨房的人来说，生菜是一种永不会做失败的食材。剥了菜叶，与半肥瘦的卑尔根腌肉一起煮，煮得生一点也行，老一点也没问题，算是自己会烧一道菜了。

shì zi 柿子

秋天，是柿子最成熟的季节。

柿子种类很多，分硬的和软的，前者的样子千变万化，有鸡心形、肥矮形，还有四方形的，剥了皮来吃，很爽口；后者愈熟愈软愈甜，冰冻了更美味。

柿树极好看，树干乌黑，有时叶子全部掉光，只剩下一树的柿子，有上千个之多。下雪也打不掉果实，仿佛在一片白茫茫之中溅几滴血。

有的柿子摘不完，在树上干了，就变成了天然的柿饼；在寒风中僵硬，没有了水分，可以保存很久都不坏。柿饼切成薄片，也可以当成甜品，煮糖水放进几片，很可口。

新鲜的硬柿，是做斋菜的好材料。一般往斋菜中放味精，是我最反对的，为什么不用本身甜蜜的果实入肴呢？

把柿子切成粒，炒西芹和豆腐干，或者用它来炆腐皮。它可代替西红柿煮意粉，显另一番滋味。

柿子还能当盛菜的器具呢。把连枝连叶的柿子剪下，在头上切它一刀当盖子，柿身挖空，把肉和其他蔬菜炒后再装进去，美观又好吃。

当成水果上桌时，最好选硬中带软的柿子，切成一口一块那么大，装在一个铺满碎冰的碟中，又红又白，煞是好看。求变化，再把蜜瓜切块点缀，更诱人。

榨红萝卜汁时，加一个硬柿进去磨，同是红色，但味道就错综复杂得多。

在西安的市场中，看到当地人最喜欢吃的柿饼，并非整个晒干了压扁那种，而是将软柿打糊，加入面粉中搓后炸熟的。此饼可以保存几天不坏，也是怪事，可能柿中有杀菌的成分吧？

日本的柿，最出名的是富有柿，但是真正好吃的，是"西条柿"，产于广岛；采下后喷清酒杀涩，甜美至极。日本年轻人也不知道有这种柿。

柿不会吃到酸的，最多是没有什么甜味的，如嚼泡泡糖。遇到这种"哑巴柿"，只有加糖晒成柿饼，或者干脆把整棵树砍掉。

古人说柿上市时，螃蟹当肥，但两者不能一起吃，否则肚子痛。我年轻时不信邪，照吃，果然灵得很，真是不听老人言，吃亏在眼前。

shǔ zǎi 薯仔

广东人叫作薯仔的，北方人称之为土豆，后者似乎比较切题。

薯仔原产于秘鲁，传到欧洲，成为洋人的主食。什么炸薯仔条、薯仔蓉等，好像少了它会死人一样。

薯仔好吃吗？没有番薯那么甜，也不及芋头的香。喜欢吃薯仔的人，很多都是受了洋人快餐文化的影响，谈不上有什么高级的味觉享受。我从前有个助手，薯仔条吃个不停，就一直被我当笑话。

北京人的凉拌或生炒土豆丝，对北京人来说是种美味，其实他们吃的是乡愁，南方人对此道菜也不觉得有什么稀奇。

薯仔薄切炸成片，更是很多人看电视时的良配，我则认为不如吃米通、饭焦①。

饿起来当然什么都能送进口，我在背包流浪的时代，不知过了多少拿烤薯仔来吃的日子。购买薯仔时价钱相同，一手去挑，还会选重一点的。

日本北海道盛产的薯仔叫"男爵"，很松软，甜味很重，直接扔进

---

① 米通是用爆米花拌糖制成的食品，饭焦即锅巴。——编者注

木炭中煨，涂上厚厚的一片牛油，还是勉强可以吃进口的。

我对薯仔一点好感也没有，把它当成图章倒是很好玩。拿张纸，磨了浓墨之后根据切半的薯仔大小写字，然后铺在薯仔上，用手指轻轻一刮，就能印上去。这时用把刀把空白处挑出来，就是一个完美的印。

做咖喱时也用薯仔，煮得酱汁浸入，是让我唯一咽得下的例子。当然是先吃鸡或牛腩，饱了就不会去碰它。当我牙痛时，吃咖喱薯仔也要吃烂熟的。

当今的营养师研究发现，其实薯仔的卡路里和脂肪含量相对较低，没有大众所说的淀粉含量很高那么恐怖。但是，低脂肪的东西，永远不是令人满足的东西。

薯仔的种类很多，我看过大若菠萝，小似樱桃者，有红有绿有黑有紫，在西方的菜市场中看得令人叹为观止。

我最爱薯仔的时候，是当它被酿成伏特加，在冰箱的冷冻格里冻得倒出来黏瓶壁的时候。来吧，干杯！

sì jì dòu 四季豆

四季豆虽然名为豆，但能吃的是荚。

味道相当有个性，带点臭青，嚼起来口感爽脆，喜欢的人吃个不停。这时，口腔内散发出一阵清香，是很独特的。

四季豆最适宜长在气温略为寒冷的地域，一年四季皆能收成，故称之为四季豆。但说到最甘甜肥美的时节，则是初夏的 6 月到初秋的 8 月了。

豆荚的一端长于藤状的枝上，到了尾部，呈针形翘起，像蝎子尾的毒钉，但并不可怕。记得小时候妈妈买四季豆回来，我就要帮她剥丝，把长在枝头的那一端用手指折断，丝就连着剥了下来；轮到另一头，折下针形的尾，连丝就那么一拉，大功告成。

将四季豆做成菜肴，最普遍的就是生煸四季豆。所谓生煸，其实就是炸。与炸不同的是，火要极猛，像大排档那种熊火才做得到家。把四季豆投入镬，一下子炸熟，捞起；用另外一个镬，加刚好黏在豆上那么一点点的油，再加些面酱和肉碎，兜两下即成。

生煸煸得好时很入味，做得老就半生不熟，难吃到极点。生煸绝对不像炸放那么多油，是一门很深奥的学问。

潮州人用腌制过的橄榄菜来炒四季豆，和生煸的做法差不多。因为橄榄菜惹味，很受食客欢迎，当今这道菜已流行到世界每一个角落的中国馆子了。

日本人也常吃四季豆，做法是将四季豆一分为二，扔入沸腾滚水中，加上一匙盐，灼一灼，捞起备用。把鸡胸肉蒸个七八分钟，切成与四季豆一般粗，这时混上黑芝麻酱、酱油、木鱼汁、山椒粉，就是一道很好的冷菜。但渌熟的四季豆，始终不像生煸那么入味。

从他们用芝麻的方法，可以发现四季豆和芝麻配合得最佳，所以我做生煸四季豆时不用面酱，换上刚磨好的芝麻酱，加点糖和肉末一块炒，味道最佳。吃辣的话，加豆瓣酱和麻辣酱，更刺激胃口，各位不妨试试！

sōng lù jūn 松露菌

松露菌英文名叫 Truffle，法文名叫 Truffe，德国人称之为 Trüffel，日本人也用拼音来叫它。它一般生长在橡树、榉树、松树、栎树的根部。

在欧美，它与鹅肝酱和鱼子酱并称为三大珍品，被欧洲人誉为"餐桌上的钻石"，可见有多贵重了。

英国有红纹黑松露菌，西班牙有紫松露，但要吃的话，最好还是法国佩里戈尔的，与上等鹅肝酱产地相同。当地人把黑松露菌酿入鹅肝酱中，两大珍味共赏。

你是法国人的话，当然觉得黑松露菌最好，但是意大利人说他们阿尔区的白松露天下第一。其实两者都有它们独特的香味，各自发挥其优势，不能比较，只能分开欣赏。

这种香味来自腐化的树叶和土壤的质地，那么复杂的组合不是人工可以计算出来的，所以至今还没有养殖的松露出现。它埋在地下，过去靠狗和猪去寻找，现在猪已被淘汰，它会吞掉松露之故。

两种最好的菌都有从 11 月到翌年 2 月盛产的季节性，过几天味道就会差之千里。还好黑松露菌可以一采下来，即刻装入密封的玻璃瓶，加橄榄油浸之；那些油，也被当成宝了。

豪华绝顶的吃法当然是将松露整个生吃，削成片，淋上点油，净食之。一个金橘般大的松露，就要好几千港元。一般高级餐厅即使有松露，也都只是用个刨子，削几片放在意粉或米饭上面，已算是贵菜了。

最贵的食材配上最便宜的，也很出色。像用黑白松露来炒鸡蛋，也是天下绝品。

意大利人的吃法，还有一种把芝士融化在锅里的，像瑞士人的芝士火锅，削几片松露去提味，叫作 Fonduta。

现代阔佬发明了另一种豪华奢侈的吃法，是把整粒的松露菌用烹调纸包起来，外层涂上鹅的肥膏，再在已熄而尚未燃尽的木头上烤之，吃后会遭阎罗王拔舌。

当然黑白松露菌都能在中菜入馔，我们往蒸水蛋上撒一些，或拌入炒桂花翅中，味道应该吃得过。

sōng zǐ　松子

松子在全球分布很广，但并非每一种松树都能长松子，生产得较多的有阿拉伯国家和其他一些亚洲国家，其中韩国尤其大量。

农历 5 月左右，松树枝头长出紫红色的雄花，另有球形的雌花，一年后结成手榴弹般大的果，成熟后爆开，硬壳里面的胚乳就是松子了。松子呈象牙颜色，每颗只有米粒的两三倍大，含有丰富的蛋白质，一向被人类认为是高尚的食材，药用效果亦广。

在上海看到带壳的松子，剥起来甚麻烦，一般市场卖的已经去了壳，可以生吃，也有炒或焙熟的，更香。油炸松子，不同于油炸腰果，它很小，容易焦，得小心处理。

松子含大量油质，保存得不小心便溢出油馊味。购入生松子时，最好一两一两地去买，别贪心，每一两用一个塑料袋装好，密封，不漏气，才保存得久。

世界上最贵的果仁，首推夏威夷果，松子次之，再下来才轮到开心果，花生最便宜。在古时的欧洲，松子是一般百姓吃不起的。

人类吃松子的历史很悠久，16世纪的西班牙人到了美洲，已发现印第安土著用松子来做菜。

中东人很重视松子，他们嗜甜，几乎所有的高级甜品中皆用松子，特别是土产"土耳其软糖"，用松子代替花生，加大量蜜糖制成。地中海菜里，塞松子进鸭鹅来烹调。突尼斯人更把松子放进菜中一块吃。

中国的小炒用松子的例子很多，尤其是南方的所谓"炒粒粒"，将每一种食材都切细，混入松子来炒；多数会把松子炸了，放在碟底当点缀罢了，以松子为主的菜不常见。

韩国人最会吃松子，在艺伎馆中，大师傅会把松子磨成糊煮粥，客人来喝酒之前，由伎生喂几口，让松子粥包着胃壁，喝起酒来才不易醉。

饭后，必送一杯用肉桂熬出来的茶，冷冻了喝，上面漂浮着的红枣片和松子，又美丽又可口，是夏天饮品中之极品。

客厅茶几上，最好摆个精美的小玻璃瓶，里面摆松子，一边看电视一边当小吃来吃，不会饱肚，是种高级的享受。

suān nǎi **酸奶**

酸奶（Yogurt），有人以为 Yogurt 是英文名，其实是土耳其名，由此可知是从东方传到西方去的。

一般被叫成"益力多"或"养乐多"的酸奶，是日本商人制造的酸奶饮品，因其来自西方，不知怎么命名，干脆把 Yogurt 当成招牌；流行之后我们也卖了起来，音译成养乐多。当今这个名字已代表了一种酸奶。

酸奶的发明绝对是偶然的，喝不完的鲜奶放在一边，发酵起来，就变成 Yogurt。试一试，味道虽然酸，但也可口，而且能够保存更久。一种重要的食材，从此产生。

酸奶菌对人体有益，这个事实在卖酸奶的广告中被宣传了又宣传，家长开始买酸奶给小孩子喝，味道其实酸得有点古怪，爱上了会上瘾，但是当成美食，怎样都说不上，入中菜就免谈了。

中东人和印度人则把酸奶用到日常生活中，酸奶制成的菜肴无数，最普通的是加了黄瓜、芫荽和盐，打成一团上桌的，拿面包蘸来吃。

加入咖喱粉，酸奶可以煮肉类，但有一原则是，酸奶和鱼虾配搭得不佳，绝对不能将它用在海鲜上面。

饮品方面，加水把酸奶冲淡，是印度街头的一种小食，通常还要用个机器搅拌得发出泡沫来，叫成拉昔（Lassi）。加盐的是咸拉昔，加糖的叫甜拉昔。也有加水果的，杧果拉昔最受欢迎，但玫瑰味的拉昔最为美味。新派融合印度餐厅的酒吧中，加白兰地、威士忌，卖拉昔鸡尾酒。

到了阿拉伯国家，Yogurt 的名字变成了 Ayran。他们也做拉昔，加入切碎的黄瓜，伊朗人叫 Abdugh，阿富汗人叫 Dogh。

自己做酸奶行不行？说起来是容易的：把鲜奶用 85 摄氏度左右的温度加热 30 分钟，等它冷却至 45 摄氏度，加酵母，倒入容器，放置约 8 小时即成。但是现代人哪儿有时间去量温度，还不如到超级市场购买酸奶，什么味道的产品都齐全，还有用酸奶做的雪糕呢。

sǔn　笋

古代文人皆爱笋。有关笋的文字记载甚多，黄庭坚写过一篇《苦笋赋》，书法和内容俱佳。

今人虽大多非文学家，爱笋的人也颇多。尤其是上海菜，含笋的不少。广东人对笋的认识不深，凡是笋都叫冬笋，不分四季。洋人至今还不懂得吃笋，向他们寄予同情。

对笋的印象，大家都认为带苦，这是没有吃过中国台湾地区一种夏天生长的绿竹笋，那简直甜得像梨。蘸着沙拉酱吃笋固然佳，依照台湾人的传统，蘸酱油膏，更是天下美味；用猪骨来滚汤，又是一种吃法。

此笋偶尔在香港九龙城的"新三阳"可以买到，有些已非台湾产，多数是在福建种的了。

由尖笋腌制而成的"腌笃鲜"，也非常好吃。用竹编成一小箩一小箩来卖，买个一箩，可吃甚久。取它一撮，洗净后用咸肉和百叶结来滚汤，最好下些猪骨，此汤鲜甜无比，是上海菜中最好吃的一道。

粗大的笋经发酵而成的笋干，带酸，又有很重的霉味。一般人不敢吃，但爱上后觉得愈臭愈好，还是少不了用肥猪肉来炆。

肥猪肉和笋的结合是完美的，比用梅菜来扣好吃得多。

笋放久了，不但苦味渐增，吃起来满口是筋，连舌头也会被刮伤，一点也不出奇。父母告诉子女笋有毒，也是这个印象带来的吧！反正不吃太多，总无碍。

新鲜的笋，讲究早上挖，当天吃，摆个一两天也嫌老。那种鲜味真是勾死人。在日本京都的菜市场中，一个大笋卖上一两百港元是平常事，有机会到竹园里去尝试这种笋，是人生一大味觉的体验。

其他食材一经人工培植，味道就差了，只有笋是例外。春秋战国时期已有人种笋了，生长的速度是惊人的。一次我去竹园，整晚不眠看笋，好像看到大地动荡，听到啪啪有声，第二天早上已有一个个笋头冒了出来。

小时候看父亲种竹，后院有竹林。生笋的季节到来，家父搬块云石桌面压在泥上，结果出来的笋又扁又平，像一片片薄饼；拿去煮了，切成四块来吃，记忆犹新。

tǎo 桃

夏天的水果，最具代表性的还是桃。

桃很美，美得让人觉得吃了暴殄天物，尤其是桃花，在 3 月下旬到 4 月初盛开，一大片才好看。中国诗词之中，少了桃花，失色得多。

很少人知道桃属于蔷薇科，它是一百巴仙的中国土生土长的植物，原产于黄河上游的甘肃、陕西的高原地带。古籍中早有种植桃树的文字记载。

桃子呈圆形，但中间像细胞分裂前的状态，有一道浅痕是它的特征，像婴儿的臀部。

到了七八月，中国各省都见桃子，又红又大，但是硬和酸的居多，应该小心挑选，才能找到又甜又多汁的。

桃树从中国传到波斯，后来去了欧洲，当今连美国也长桃子，那里出产的蟠桃，有个著名的牌子叫 UFO，形状像飞碟，故称之。这种蟠桃更像美国人的甜甜圈（Doughnuts），亦叫作甜圈桃，在美国水果中，算是贵的了。

一般的桃子分表皮有细毛的和无细毛的，桃肉颜色也分白色、黄色和粉红色。无细毛桃没有粉红色的，果实又硬又酸，加糖水煮之才能进食，味道全变，和生吃不一样。因只能入罐头，故无细毛桃的英文名叫罐头桃（Canning Peach）。

用桃入馔，是个新鲜的想法，一般人只当它为水果，从不去想以它做菜，其实不太甜的可以用来加排骨炖汤，也是很好喝的。

遇到又甜又多汁的桃子，切丝混在凉面之中，也是消暑的好食材。

当然，做起甜品来，变化就更多了。自制桃子啫喱很容易，把鱼胶粉溶解后，将桃子切丁加入，冷却即成。

有人曾经在矿泉水中加进 1 巴仙的桃汁，不甜，但富有桃味，卖个满堂红。

自小听说有种真正的水蜜桃，插一根吸管就可以把汁完全吸光。我长年搜寻，最后听说有一处生产，即刻赶去尝试。果农采下一颗桃子，我用手一捏，很硬，绝对不可能吸汁。果农叫我等一等，然后用手拼命按摩桃子，压挤到软了才叫我插管吸，我看了害怕，就此作罢。

wèng cài　蕹菜

蕹菜又叫空心菜，其梗中空之故；分水蕹菜和干蕹菜，前者粗，后者细。

把水蕹菜用滚水炖熟，淋上腐乳酱和辣椒丝，直接拌来吃，已是非常美味的一道菜，在一般的云吞面档就能吃到。如果不爱吃腐乳，淋上蚝油是最普通的吃法。

我最拿手的一道汤也用蕹菜，买最鲜美的小江鱼（最好是马来西亚产的），本身很干净，但也在滚水中泡一泡；捞起放进锅中煮，加大量的生蒜，滚三四分钟；江鱼和大蒜味都出来时，放进蕹菜，即熄火，余温会将蕹菜灼熟。江鱼本身有咸味，嫌不够咸再加几滴鱼露，简单得很。

蕹菜很粗生，尤其适合南洋天气，大量供应之余，做法也千变万化。

鱿鱼蕹菜是我最爱吃的，小贩把泡发的鱿鱼和蕹菜灼熟，放在碟上，淋上沙嗲酱或红色的甜酱，即能上桌。肚饿时加一撮米粉，米粉被甜酱染得红红的，吃了也能饱人。要豪华可加血淋淋的蚶子，百食不厌。

把虾米舂碎爆香，加辣椒酱和沙嗲酱，就是所谓的马来盏。用马来盏来炒蕹菜，就叫"马来风光"。我在星马常被迫吃二三流的粤菜，这时叫一碟"马来风光"，其他什么菜都不碰，亦满足矣。

泰国人炒的多数是干蕹菜，用他们独有的小蒜头爆香后，让蕹菜入镬，猛火兜两下，放点虾酱，即能上桌。蕹菜炒后缩成一团，这边的大排档师傅用力一扔越过电线，那边的侍应用碟子去接，准得出奇，非亲眼看过不相信，叫"飞天蕹菜"。

很奇怪的是，大多数蔬菜用猪油来炒，才更香、更好吃，只有蕹菜是例外。蕹菜可以配合粟米油、花生油，一样那么好吃。

不过，先把肥腩挤出油来，再爆香干葱，冷却后变成一团白色，中间是略焦的干葱；灼熟了蕹菜之后，舀一大汤匙猪油放在热腾腾的蕹菜上，看着凝固的猪油膏慢慢融化，渗透蕹菜的每一瓣叶子，这时抬头叫仙人，他们即刻飞出和你抢着吃，这才是真正的飞天蕹菜。

wū yú　乌鱼

乌鱼，广州人称之为乌头，日本人称之为"鯔"，英文名作 Mullet。乌鱼由海游入川，咸淡水皆有，我们吃的，多数是池塘中生长的。

乌鱼广东人多数蒸来吃，泰国人也吃煮的，铺上青柠和中国芹菜梗，有时也用酸梅。但此鱼吃泥底的有机物和水藻，味不腥，冷食亦佳。潮州人就最喜欢拿它当鱼饭，连鳞煮熟后，放凉了蘸普宁豆酱吃。

鱼肥时，肚中充满脂肪。掀开鳞，皮下带着一层黄色的鱼油，刮而食之，甘美无比。

一般人认为此鱼有股土腥味，这也难怪。从前的鱼塘挖得深，乌鱼不是整天埋在泥中，故无此味。当今的纵然也是养殖，但泥塘又浅又小，抓起鱼来容易，又不等够时日，使得乌鱼的肥美和甘香尽失。

　　乌鱼有种器官，是所有的鱼都没有的，那就是它肚子里的一粒东西，像个小型富士山，广东人称之为"扣"，潮州人则叫作鱼脐，爽脆美味，最为珍贵。老潮州人买乌鱼，没有了那粒鱼脐，就喊着不给钱。

　　此鱼脐是怎么生长出来的？乌鱼只吃有机物，齿渐退化，消化系统中逐渐长出一个新器官来磨碎吃下的东西。

　　用芽菜和大蒜来爆乌鱼扣，是一道老广东菜，一碟中要集合数十粒扣，实在难得。

　　乌鱼在海里游时，体积要比池塘养的大很多。在怀卵期将其捕获，取出鱼子盐腌后晒干，就是鼎鼎有名的"乌鱼子"了，这在中国台湾地区卖得最多，而当地人是从日本人那里学会吃的。

　　同时间，一些中东人、欧洲人也发现了乌鱼子的美味，所以土耳其人、希腊人都生产乌鱼子，但也只有法国人和意大利人懂得欣赏，英国人和美国人都不爱吃，在英文食典中，没有关于乌鱼子的记载。

　　中国台湾地区的人除了吃乌鱼子，还很会吃乌鱼扣。海里的乌鱼，其扣有鱼丸般大，拿来晒干，非常坚硬，这时把乌鱼扣拿在火上烤一烤，然后就和制作鱿鱼干一样，用铁槌春之，愈春愈大、愈长，再次烤而食之，此种美味天下难得。当今环境污染，乌鱼又少，扣又小，很难再吃到了。

wú huā guǒ　无花果

无花果真的无花吗？

有，看不见罢了。整粒的无花果，是个集合果实，里面藏着约 1500 个小实，大家误以为是种子而已。

这个集合果实里更分雌花和雄花，但并不互相交结，要靠无花果蝇来传递花粉，过程太复杂，在这里也不一一说明了，如果你想当植物学家，便可进一步研究。

野生的无花果，果实较小，樱桃般大；种植的很大，似个小梨。外国产的，颜色有绿的或深紫的，集合果实体内也呈紫色。

一般人认为凡是无花果就是甜的，这也不然，近来种植的果树有很多结淡而无味，但体积大的果实，商人加糖后晒干，骗消费者。

天然的无花果可以很甜，甜到漏出蜜来。在西方菜市场中，见到蜜蜂麇至的摊子，多数在卖无花果。

在白糖不是很方便得来的时代，无花果被人珍惜。凡是想把食物弄得甜一点，全靠无花果；无论鲜的还是干的，用途都甚广。

中国菜里利用无花果，也是为了一个甜字；入馔熟炒罕见，多是用来煲汤；广东人尤其喜欢，北方人不懂。

日本人更不会用无花果当食材，只有西方人最会拿它做菜，凡是太咸的东西，一定加新鲜的无花果来调味，像意大利的前菜生火腿，如果在无花果上市的季节，就不用蜜瓜了。

在餐厅，无花果是一种重要的材料，多种蛋糕布丁，都随时添上些无花果。它的味道温和，并不抢去其他食材的风头。

　　有些人一直反对用味精，那么为什么不在无花果上动脑筋呢？素菜中，无花果更能发挥作用：将无花果干剁碎、切粒、切成薄片，都能用来增加斋菜的甜味。

　　我试过在蒸肉饼时加无花果蓉，效果很好。做咕噜肉时，要是不想加糖，用无花果汁也行。如果你认为糖是你的敌人，那么干脆用无花果、柿饼和罗汉果等来调味，这些都是天然的东西。但话说回来，蔗糖也是天然的呀，不必那么害怕，少吃就是。

xī hóng shì 西红柿

西红柿，我们又叫"番茄"，凡是名字里带个"番"字的东西，往往是从别的地方传来的，西红柿名副其实。

西红柿绝对没那么甜，它的籽带苦涩，人们看着觉得皮很软，吃进去后才知道是硬的，不易咬碎。

西洋人没有西红柿就像做不了菜，我常看电视节目，名厨用个平底镬，拿了一根铁餐叉做菜，下大块牛油之后就放西红柿粒煎熟，千篇一律，真想叫他们收工。

西红柿的样子很美，可以用来观赏。我最爱看一串串的西红柿了，不知比葡萄美几倍。我觉得最好的是意大利种，当造①时在City' Super也买得到，通常我是拿去装饰我的办公室的。

谈到西红柿就想起薯仔，两者都是我讨厌的食材。西红柿磨成酱后甜腻腻的，任何难吃的快餐都能用西红柿酱掩饰其味，但是叫我吃西红柿酱，我不如去吃白糖。

只有一个例子我是吃得下的，那就是友人鸿哥的泡菜，样子红红的，像韩国的金渍，但以西红柿酱代替辣椒酱，以椰菜代替白菜，吃进口有意外的惊喜，味道来自泡菜里下的大量的蒜头。一有蒜头，任何东西都好吃嘛。

我小时候也吃西红柿。那是没有好东西吃的年代，妈妈在院子里摘

---

① 当造，粤语，指应季。——编者注

了一个自己种的。把西红柿放进阔口杯，烧了一壶滚水倒入杯中，等数分钟，西红柿半熟，倒掉水，下大量的白糖，直接搅碎吃起来。正觉得今后可以接受此物时，皮又黏住喉，怎么吞都吞不下去，那种恐怖的感觉，至今想到亦起鸡皮疙瘩。

当然有时会吃到甜的西红柿。中国台湾地区有种小西红柿，葡萄般大，小贩把它剖开，塞一粒嘉应子[①]在里面。在公路旁买了一包，坐长途车时吃来解解闷是可以的。

新鲜的西红柿很结实，皮拉得紧紧的，坚硬得要命。

xī méi 　西梅

西梅，有个"西"字，显然是西方进口的。中国香港人叫它布冧，是其英文名 Prune 的音译，它与内地种的李子有点不同。日本人则称之为醋桃（Sumomo）。

果实为椭圆形，日本种是圆的，深紫色，包着白色的粉状物质；被叫作醋桃，是因为未成熟。看到树上表皮有点皱的才可采下来吃，此刻最甜。

晒干后，用纸盒包装的西梅，卖得最多，基本都是美国制造的。西

---

① 　嘉应子指李子。——编者注

梅原产于黑海，在 19 世纪传到了美国，目前美国的产量占全世界产量的七成以上。

种植西梅，可由种子播起，也能在外国的园艺店买到树苗。注意一种就要种两棵，因为这样花粉才能互相传播，否则很难长出果实来。

树苗一吸收阳光，就很快地往上长，一两年就可以长高到五六英尺来。园艺家们在树苗长到 3 英尺高时，将它横折。西梅察觉到再也不能长高时，就拼命传后代，长出又肥又大的果实来。

西梅和杏、桃、李都属同科，和樱桃尤其接近，大小不同罢了。现代果农将它们接枝，种出桃驳李、李驳梅等新品种来，但是纯种的紫色西梅，是最甜的。

西洋料理中，西梅是重要的食材，塞在乳猪或鸭鹅里面拿去烤，西梅的酸性使肉质柔软，甜的物质则用来代替砂糖。

西梅一般是当水果生吃的，产量多了就拿来做果酱，或制成啫喱，中国菜中很少用西梅入馔，中国人对西梅的认识也不多。

其实西梅除了紫色的，也有白梅（White Plum），皮白肉白，圆形，7 月中旬结果。这种梅酸性少，大多是甜的。

肉硬、颜色由浅红至深红的种叫 Santa Rosa，是北美洲的土产梅子，从名字听来，似乎是西班牙人在墨西哥发现的。

鲜红色的名字很好听，被称为"美"（Beauty），酸甜适中，多汁。

至于暗红带绿、表面有粉的，它的名字是 Soldam，在市场上常见，但已看不出是梅、是桃还是李了。

X

xī yáng cài　西洋菜

　　西洋菜，顾名思义，一定是西洋传来的，原产地应该是欧洲。希腊将领命令士兵吃西洋菜防疾，罗马人还说它能治头秃呢。

　　西洋菜的英文名是 Watercress，有个 Water（水），因其性喜湿润环境，在水清的地方生长旺盛。茎向上丛生、中空、有节，节节生根，分出侧茎，叶呈卵形。只要气温在 25 摄氏度以下，西洋菜就生长得极快，整片水田一下子就变成密集的草堆，反而能抑制其他杂草滋生。把它当成饲料，最为环保。

　　人类摘之，生吃有些苦涩，但滋味是清新的。洋人吃牛扒，上面必铺西洋菜，它又是沙拉的主要食材。别以为洋人只会生吃，法国的乡下菜 Potage Cressonnière，就是用薯仔和西洋菜磨出来煮的。有时，西洋菜也用来酿进野味腹中，又辟腥又好吃。爱尔兰人更相信西洋菜的纯朴，认为它是圣人的食物。深山中的僧侣，多以吃西洋菜和面包为生。爱尔兰的原野湿润，西洋菜长得茂盛，从 16 世纪开始就有人工栽培的。但在美国和英国，西洋菜的种植要等到 19 世纪初才开始。

　　中国种西洋菜的历史不过五六十年，当今西洋菜的种植地主要分布在广东、福建和湖南，它被当作饲料多过用来入馔。广东人最先用西洋菜来煲西洋菜汤，发现它有清热、解毒、润肺、利尿的功能，对口干咽痛、肺热咳嗽等有一定疗效。

　　最典型的汤莫过于西洋菜煲鸭肾了，要煲得美味，除了干肾，还要下同等分量的新鲜鸭肾，加一块瘦肉，武火煮沸，下大量西洋菜，煲两小时左右就可食。

西洋菜蜜枣鲫鱼汤也很受广东人欢迎。西洋菜性凉味甘、润肺燥。蜜枣生津健脾。鲫鱼在冬天最为鲜美，故有秋鲤冬鲫之说。先把鲫鱼用油煎过，蜜枣去核，再加过水的猪蹄肉、一两片生姜，煲两小时即成。

皮蛋、咸蛋、鲜蛋、蒜粒，以及肉片，加西洋菜，皆可以在短时间内煮出美味的汤来。

选西洋菜最幼细的部分，爆香整颗蒜头来清炒也行。若嫌味不够，可加腐乳。

日本人也吃西洋菜，多数只是灼熟后，撒些木鱼、干蹄，加点酱油而已。清清淡淡，富有禅味。

当今已有人鲜榨西洋菜，加入蜜糖，叫作西洋菜蜜，可当饮料来喝。

xiā 虾

小时候，虾很贵，但那也是真正美味的虾。当今的便宜，不过吃起来像嚼发泡胶。不相信吗？中国台湾地区有种草虾，煮熟了颜色鲜红，但真的一点味道也没有。

要想吃美味的虾，就绝对不能吃养殖的。就算是所谓的基围虾，也没什么虾味。到菜市场中买活虾，10 美元 1 斤的那种，才有点水平。

如果买便宜的，很省。是的，很省；不吃，更省。

游水海虾，像麻虾和九虾，已被抓得七七八八；就算在市面上看到，也不会卖得太贵，这是少有人知道，少有人欣赏之故。

将虾直接白灼就好。游水海虾的那条肠很干净，不像养殖虾那种肠，是一道黑漆漆的东西。将整只游水海虾吃进口，没有问题。那种甜味留齿，久久不散，比 100 罐味精还要鲜甜。

绝对别小看意大利的虾，虽然很少见到游水的，更已冷冻得发黑，但那股香味和甜味，也是东方吃不到的。人一生之中，说什么也要试一次。

法国煮熟后冷吃的小虾，也极甜。在海鲜盘中，大家都先选生蚝来吃，但伸手去剥小虾的，才是老饕。

龙井虾仁用的是河虾，但也一定要活剥的，冷冻虾就完了，怎么炒也炒不好。淡水活虾数十年前还可以吃，当今大家害怕。品尝过的人才知道，一种被称为"呛虾"的菜肴，是无比美味的。给虾淋上高粱酒，也能消毒，虾醉死了给人吃，并没有那么残忍。如今见到，还是可以试的，只要不吃太多，就不会吃出毛病来。

越南的大头虾，养殖的也没味道，用它的膏来煮汤还是可以的。湄公河上有种虾干，肉很少，壳大。把它炸了，单吃壳，也是绝品，可惜当今几乎见不到了。

虾干也千变万化，但要买最高级的。煮方便面时把那包调味粉丢掉，抓一把虾米滚汤，是上乘的一餐。

总之，不是天然的虾尽量少吃。吃出一个坏印象，是一生的损失。便宜无好货，这话在虾的例子上是正确的，吃过天然虾的人就不喜吃养殖虾了，这么一算，价钱之差还是合理的。

xiā gū　虾蛄

虾蛄是一种海产，是虾的远房亲戚，广东人叫它濑尿虾，因为一抓，它便会把身子一弯，射出一股液体来防御。我不喜欢这个名称，一直叫它的大名虾蛄。

日本人也用这两个汉字称呼它，发音为 Shako，到寿司店看到柜中有紫色的东西，那便是煮熟后的虾蛄。吃的时候向大师傅说"Abute"，意思是烤一烤；再说"Amai No Otsukete"，是叫他涂上一点甜酱，这是最正宗的吃法。

什么？到寿司店还去吃熟的东西？是的，虾蛄灼熟后并不比虾好吃，但有独特的味道。它不是深水虾，故不能生吃。当它充满卵子时，是无比美味的，熟吃比生吃好。

从前虾蛄在中国香港庙街街边一盘盘卖，很便宜。因为剥起壳来很麻烦，又常刺伤手，所以很少有人肯吃，当今小的虾蛄，卖得也不贵。

贵的是大只的虾蛄，来自泰国，一尺长的很常见，肉肥满，壳又容易剥，大受欢迎。现在市面上看到的多数是在中国内地养殖的。

大虾蛄通常的吃法是油爆，所谓油爆，是炸的美名。撒上些胡椒和盐，又美其名为椒盐。上桌时用剪刀剪开虾身两旁的刺，整只虾的肉就能起出，鲜甜得很。

我在泰国吃虾蛄的时候，喜欢烤着吃。烤得肉微焦，香味更浓；再蘸指天椒泡的糖醋和鱼露刺激胃口，一吃十几只，面不改色。

但是最好吃的还是潮州人做的——直接清蒸。风干后冻食也无妨，虾蛄冷了也没腥味，和吃冻蟹一样慢慢剥壳吃。可以偶尔蘸蘸橘油，这是一种潮州特有的甜酱，是用橘子制作的。橘油和虾蛄一甜一咸，配合得很好，不知道是谁发明的吃法。

虾蛄有两只小钳，从前的日本人把小钳的肉起出来，一粒粒只有白米那么大，排在一个木盒中出售。那要花多少工夫！人工费又贵，那盒东西要卖多少钱可想而知，但当今即使你肯出钱也不一定买得到。老一辈老了，年轻一辈不肯下这些幼细的功夫。汝生晚矣。

xián suān cài　咸酸菜

咸酸菜，潮州人的泡菜，只简称为咸菜，用大芥菜头制成。

每年入秋，大芥菜收成，我在乡下看过，堆积如山，一卡车一卡车送往街市，不值钱。放久了变坏之前，潮州人拿去装进瓮中，加盐，让它自然发酵变酸，就是咸菜了。它是很大众化的终年送粥佳品，潮州人不可一日无此君，有如韩国人对金渍的喜爱。

上等的咸菜，盛它的那个陶瓮做得特别精致，今日能变古董。不过当今的瓮已非常粗糙，烂了也不可惜。

在潮州菜馆，伙计必献上一碟咸菜，是餐厅自己泡的，咸甜适中，也不过酸。上桌前撒上一点南姜粉，非常可口，可连吃三四碟来送酒。咸菜做不好的话，这家餐厅也不必再去了。

当今在泰国的潮州人也把咸菜装进罐来卖，白鸽牌的质量最佳，还有一种红辣椒牌的带辣味，比较好吃。其他牌子的我嫌它们泡得太烂，不爽脆。

咸菜入馔已是优良的传统，最普通的做法是拿来煮内脏，将粉肠和猪肚加大量的咸菜熬出来的汤特别好喝。我家中一向做得不好，只能在餐厅吃，装进一个人那么高、双手合抱的大铁锅中熬一夜才能入味，只有中国香港九龙城的"创发"才有那么大的锅能熬出来。煮时撒下一把胡椒。

少量的咸菜可以煮鱼。不管什么带腥的鱼，与咸菜一起煮，都能好吃起来。像鲨鱼或魔鬼鱼，一定得用咸菜煮，煮时下点姜丝和中国芹菜，更美味。

人们通常吃咸菜的梗，叶则弃之。但当年穷困的潮州人也很会利用它，把叶子切碎，加点糖和红辣椒爆一爆，也变成佳肴。

不然用咸菜叶来包住鳝鱼炖，鳝肥的时候，这道菜是所谓可以"上桌"，即能登大雅之堂的。

很奇怪的是，每一个城市都有一档专卖咸菜的摊子，通常是一个雷打不动的老者坚守着，独沽一味卖咸菜。低声下气地请老人家为你选一个，他挑出来的一定好吃；再请教咸菜的煮法，他会滔滔不绝地告诉你千变万化的煮法。

X

xiǎn　蚬

蚬的种类多到不得了。蚬是广东叫法，上海人称之为蛤蜊。蜊为古字，日本人至今也借用。英语通称为 Clam，巨大的叫樱石（Cherry Stone），小的叫幼颈（Little Neck）。

用蚬煮的汤，一定鲜甜。我在中国澳门喝的花蟹冬瓜煲蚬汤，甜上加甜。煮得过火也不要紧，只要别把汤煲干就是。如果你从来也没煲过汤，就做此道菜吧，不易失败。

新鲜的蚬吃不完，就特地拿来腌盐，蚬蚧酱就是这么发明出来的。它有一种很独特的怪味，配炸鲮鱼球一起吃极佳；但是吃不惯的人，闻到就掩鼻走开。

壳上有花纹的，也叫花蚬，里面含沙，这或许也是被叫作沙蚬的原因。老人家教导，买蚬回来，浸在铁盒中，放一把菜刀进去，它会把沙吐个精光。这可能是蚬受不了铁锈的刺激，所以放一块磨刀石效果也是一样的。

洋人吃蚬，很少烹调，多数生吃。幼颈肉不多，但很甜。我最喜欢吃樱石，又爽又脆，口口是肉，自认为比吃生蚝更过瘾。

日本人把大粒的蚬叫作 Hamaguri。Hama 是滨，Guri 则是栗，海滩中的栗子，很有意思。吃法是用大把盐将它包住，在火上烤，煮了爆开，就那么连肉带汤吃。有时用清酒蒸之，也很美味。

日本的小粒蚬叫作浅蜊（Asari），多数用来煮味噌汤；也用糖和盐渍之，叫作佃煮。日本人在婚宴上惯用蚬为材料，因为它不像鲍鱼的单边壳，两片对称的壳有合欢的意思，意头甚佳。

至于更小粒、壳呈黑色的蚬，日本人称之为 Shizimi。将其大量放进锅中，不加水，就那么煮开，喝其汁，能解酒。中国台湾人则用浅蜊过一过滚水，就浸入酱油和大蒜，称之为蚋仔，是我吃过的最佳送酒菜之一。

寿司店中也常见橙红色的蚬，尖尖的像鸡喙，叫作"青柳"（Aoyagi），古地名为青柳之故，盛产于当今千叶地区。它也被叫作马鹿贝（Bakagai），因为像傻瓜伸出舌头收不回去的样子。

上海菜中，曾经最好吃也最常见的，就是蛤蜊蒸蛋这道菜。可惜当今的沪菜馆很多都不供应，已少有大师傅懂得怎么蒸，快失传了。

xiàn cài 苋菜

苋菜，只有中国人会吃。

自古以来，文人多歌颂之，苏颂也说："赤苋亦谓之花苋，茎叶深赤，根茎亦可糟藏，食之甚美。"

其实在菜市场中看到的苋菜，不只有赤色，也有绿色的，多娇小纤弱，其状可怜又美丽。这是错误的印象，苋菜可长至三四尺，茎粗如笔杆，叶茂盛。

苋菜有粉绿色、红色、暗紫色，或带斑，所以古人分白苋、赤苋、紫苋、五色苋、人苋共五种。此外，更有马菌状叶的马齿苋，便将这些统称为六苋。

X

《本草纲目》说："六苋，并利大小肠。治初痢，滑胎。"

《随息居饮食谱》说："苋通九窍。其实主青盲明目，而苋字从见。"

它原本是一种野生的植物，从前的人都能在田边采取，是近百年来才开始种植的。吃过野生苋菜的人都说味道极好。当今野生苋菜已难寻得，无从比较，只可道听途说了。

苋菜的做法很多，香港人吃来吃去都是那几味，最流行的是用咸蛋和皮蛋来煮。又有蒜子苋菜，把整颗蒜头煎至微焦，滚热上汤，再放苋菜进去浸熟。

清炒的话，有蒜蓉炒苋菜。锅要热透，爆香蒜后下苋菜，兜两下即上桌，不可久炒，否则苋菜会冒出大量的水分，就难吃了。

北方人则注重苋菜的根部，认为很香，夏天凉拌来吃。

又有一种吃法，是用上汤煨熟干草菇和鲜草菇，再把苋菜磨成蓉与菇一块煮，慢火埋芡，成为苋菜羹。

把鱼块煎熟，再用苋菜蓉去封味，也流行过一阵子，当今此菜已罕见。

苋菜豆腐汤，用的材料是虾米、豆腐和蒜头。先发好虾米，把苋菜灼熟，豆腐切成小块，蒜剁成泥，将所有材料滚熟后才下苋菜；再滚，即可熄火上桌。当然要下点盐调味，虾米已甜，可不必加味精了。

前面讲到的"糟藏根茎"，是将粗茎腌制，奇臭无比；加以臭豆腐，成为一道叫"臭味相投"的菜。苋茎外壳坚硬，吃时吸其中腐液，嗜之者皆食不厌。

xiāng cǎo lán　香草兰

　　香草兰，英文名为 Vanilla，法文名为 Vanille，中译名以发音取字，名字诸多，像云呢拿等，当中以梵尼兰最为恰当，它本来就属兰科。

　　梵尼兰原产于墨西哥，是种爬蔓类的植物，具有回旋性的茎部，生着气根，叶子圆尖，开黄绿色的香花，结果后成豆荚状，可长至 12 英尺。梵尼兰的作用出自这个豆荚，新鲜时无味，洒水晒干后发酵，成褐色，就是梵尼兰豆了。

　　吃时把豆荚剥开，刮下荚内的粉末，再将整枝豆浸在热水中，便能冲出梵尼兰茶来。也有人将梵尼兰豆浸在酒精内，制成梵尼兰精。将晒干的豆磨成粉末的例子居多。

　　当今，已有人造梵尼兰了，都是化学品。要吃梵尼兰的话，最好用原本的豆荚，它可以浸六七次，味道才完全消失。它的储藏期可以很长，但需要放在阴凉干燥的地方，不可冷藏，放入冰箱中反而会发霉。一发霉，味道尽失。

　　化学梵尼兰的价钱只有真品的 1/20，在 1875 年由一个德国人发明，说了你可能也不信，是由石蜡中提炼出来的。一般人分辨不出天然梵尼兰和化学的，其实试多了便知道，化学梵尼兰有一股所谓的香精味，闻多会腻，天然的则是愈闻愈香。

　　一说梵尼兰，大家便会想起冰激凌。高价的用天然品，低廉的用化学品，但因为梵尼兰的香料太过普遍，有时候根本分辨不出是何种味道，总之有点香就是了。

　　东方人用梵尼兰的例子极少，它在西方则被广泛使用，像做面包、糕点和饼干等，无梵尼兰不欢，因为古时是极珍贵的香料，一普及后几乎所有甜品都要加入。做起菜来，梵尼兰可用来做鱼汤，也可以撒点粉在生蚝上面，烧家禽时也加入。

酒类像水果宾治（Fruit Punch），多有梵尼兰味；也在做红酒餐酒、西班牙的桑格利亚汽酒（Sangria）、蒸馏烈酒等时用梵尼兰去浸。

热饮像朱古力，要等稍微冷却后加梵尼兰，否则会失去香味。

初试天然梵尼兰，怎么知道是不是最好的？各种方法都不一定准确，不过去信得过的名店，买最贵的豆荚，极少出错。

xiāng jiāo　香蕉

香蕉，原产于马来西亚，现已传到热带和亚热带的各个国家去，像印度、南美诸国的香蕉业更为发达。中国南方也产香蕉，珠江三角洲以北的地方，只生叶不结果，称为芭蕉，观赏居多。

当今已被一些国家当作主要粮食的香蕉，除了生吃，还可以煎、炸、煮，加糖晒干制为干果；也可以脱水，像薯仔片那样当作零食。

叶子拿来包扎食物，越南的扎肉，马来西亚的椰浆饭（Nasi Lemak），都加以应用。包烤鱼，更为流行。印度人把蕉叶铺在草地上当作饭桌，添了米饭和咖喱汁，就那么进食，用途多到不得了。

树一般长到 10 尺高，看到的干，其实是根与叶之间的连接物，称为伪干，又叫假干，非常软弱，用开山刀一斩，即断，但它可以支撑整丛香蕉，耐力极强。

一丛香蕉可长 16～20 束，称之为"手"，每手之中有十几条长形的果实，就是香蕉了。

生时皮绿，熟后转黄，有斑点的香蕉才是最熟、最甜的。有些香蕉还长红色的皮，叫作"红香蕉"（Red Banana）。

中国台湾地区产的香蕉是北蕉种，闽南人和潮州人都叫香蕉为芎蕉，有一尺长。

小起来，只有手指般粗，来自印度的居多，非常甜美。印度尼西亚也有一丈长的香蕉，当地人用汤匙舀来吃，种子奇大，一颗颗像胡椒一样，从口中吐得满地皆是。

每一丛香蕉的尖端，都长着紫红色尖物，抓起硬掰，才见里面黄色的花。趁它还没有成熟，切成碎片，可当作香料。马来人的沙拉叫罗惹，其中少不了这种香蕉花。泰国人也喜欢拿它来做咖喱。

炸香蕉（Pisang Goreng），是南洋最流行的街边小食之一。小贩倒一大镬油，把香蕉剥了皮，裹上面粉，就可以炸起来。香蕉炸后，更香、更软、更甜。

xiāng máo　香茅

香茅，英文名为 Lemon Grass，又叫 Citronella。

大家都说香茅的香味像柠檬，其实它有自己独特的清香，绝非浓郁。淡然之中，散发着的气味，有打开味蕾的作用。一旦爱上，不可一日无此君。

原产于马来西亚，但是马来菜中用香茅的种类并不多，反而被泰国人发扬光大。当今的泰国菜，没有了香茅，就好像韩国菜少了大蒜。

最著名的冬荫功汤，材料有带膏的大头虾、鸡汤底、椰浆、南姜、柠檬叶、芫荽根、西红柿、草菰①、鱼露、辣椒干等；但一定下大量的香茅，采摘新鲜的，头尾切掉，用石臼舂碎，更能散出味道来。把上述食材煮 10 分钟，即成。少了香茅，冬荫功汤就不好喝了。

香茅鱼是把一大把香茅卷起来，塞在鱼肚中去烤的。

香茅猪颈肉也是烧烤，应该是把香茅舂碎，榨出汁来，滴在猪颈肉上面。

香茅螃蟹是把螃蟹斩件，放入泥制的砂锅中，加大量香茅焖出来的。

自古以来，南洋人种植香茅，榨油，制为香精，用在香水和化妆品上。香茅又可当提神药，它能防治疟疾，故亦叫作防热草（Fever Grass）。

香茅很粗生，长到两英尺高左右就算成熟，晒干了切成片备用，煮咖喱时亦能发出香味。有时泡成香茅茶喝，但还是新鲜的好。它有硬皮，不能直接吃，只有舂碎后取其香味。

一种最普通的食品，就是把香茅舂过后放进冰水之中，加点蜜糖，清新可喜。

---

① 草菰即茭白，多年生草本植物。——编者注

欧美人几乎都不认识这种食材，在他们的料理中没有出现过。反而传到澳大利亚，受了亚洲食物的影响后，在当地人的酒餐中常出现香茅，多数是和炸鸡一起吃的。

很奇怪的是，澳大利亚的香茅，一般比泰国的还粗壮，但就是发不出香茅的味道，只留个样子，一点用处也没有。

香茅在中餐中也少用，是很可惜的事。挤点香茅汁用在糕点上，或用来蒸鱼，都是可取的。

xiàng bá bàng 象拔蚌

巨型的象拔蚌，原产于北美洲，最初只有当地的土著才会欣赏，英文名为 Geoduck。

在中国香港的老饕吃尽海产，正在找寻新鲜的食材时，移民加拿大的华人发现了它，进口到中国香港，也不知原名叫什么，看外边两片壳，生出很长的水管，样子像大象的鼻子（象拔），且满汉全席中有象拔这一道菜，就叫这种贝类的海鲜为象拔蚌了。

从前没人会吃，当今中国也流行起来，不过二三十年的光景，几乎将它吃得绝种。还好象拔蚌还在大连一带繁殖，但都是小型的，婴儿拳头般大罢了。

大型象拔蚌可养至 5 千克左右，要 15 年才能长成，肉鲜美爽脆，可以生吃，亦用来下火锅，已成为重要的海鲜之一，煮、炒、蒸皆宜，凡是螺肉的吃法，都能用在象拔蚌上。

有人吃日本料理时，看到样子相同但细小数倍的，也以为它是象拔蚌。其实它完全是另一种贝，日文名发音为 Mirugai。Miru 是海藻的一种，叫作水松。有水松的地方，就长这种贝；有时抓到，其口中还有水松，故这种贝的日文汉字名是水松贝或海松贝，英文名为 Gaper，与 Geoduck 是两回事。

水松贝的肉纤细甜美，和象拔蚌相差十万八千里，吃不出的人还说象拔蚌肉厚，比寿司店中的好吃得多，实在是夏虫不可语冰。

象拔蚌看样子很难处理，其实做起菜来很容易，把两片大壳一下子剥开，取出全身，肉和内脏都可以吃。但多数人害怕，只食象拔那个部分，它有一层褐色的外衣，只要用水龙头流出来的温水一烫，即能剥掉。

将蚌肉剖成两半，开始切片，直切的话肌肉收缩，变得很硬，应用利刀横片，片得愈薄愈好。用来炖蛋，口感会起变化。炒的话，可加任何蔬菜，鲜百合尤佳。

也有人把象拔蚌晒干来卖，用它来炖汤，味道不逊响螺或鲍鱼。

养殖的小型象拔蚌，肉味甚淡，开边后铺上大量的蒜蓉蒸 3 分钟即熟，上桌时淋一点生抽，更能提起鲜味。若不加生抽，则在蒜蓉中掺上天津冬菜代之，亦够咸。

xiè 蟹

世界上蟹的种类，超过 5000 种。

最普通的蟹，分肉蟹和膏蟹。前者产卵不多，后者长年生殖。二者都是青绿色的。

蟹又分淡水蟹和海水蟹。前者的代表，当然是大闸蟹了；后者的代表是阿拉斯加蟹。

生病的蟹，身体发出高温，把蟹膏逼到全身，甚至脚尖端的肉也呈黄色，就是出了名的黄油蟹。别以为只有中国蟹才伤风，法国的睡蟹也生病，全身发黄。

最巨大的是日本的高脚蟹，拉住它两边的脚展开，可达七八英尺长。铜板般大的日本泽蟹，炸了一口吃掉，也不算小。最小的是蟹毛，大约 5 毫米罢了。

澳大利亚的皇帝蟹，单单一只蟹钳也有两三英尺长，肉质不佳，味淡，不甜。

从前的咸水、淡水没被污染，蟹都可以生吃，生吃大闸蟹很流行；当今已很少人敢吃。日本的大蟹长于数百米深的海中，过去制成刺身吃没问题。

中国人认为，蟹一死就开始腐烂，非吃活螃蟹不行；外国人虽吃死蟹，但多数也是抓来煮熟后冷冻的。

我小时候，母亲做咸蟹很拿手，买一只肥大的膏蟹，洗净，剥壳，去内脏，用刀背把蟹钳拍扁，直接拿去浸一半酱油，一半水，加大量的蒜头。早上浸，到傍晚就可以吃了。上桌后撒上花生末，淋些白醋，是

X

天下美味。

别怕劏螃蟹，其实很简单，首先要记住别不忍心，在它的第三对与第四对脚的空隙处，用一根筷子一插，穿心，蟹即死，死得快，死得安乐。这时你再把绑住蟹的草绳松开也不迟。

洗净后斩件，镬中加水，等沸，架起一双筷子，把整碟蟹放在上面，上盖，盖 10 分钟即成。家里的火炉火不猛的话，就继续蒸，蒸到熟为止，螃蟹过火也不要紧。

另有一法，一定成功，是拿张锡纸铺在镬中，等镬烧红，整只蟹不必剖，就那么放进去，蟹壳向下，撒大量的粗盐，撒到盖住蟹为止，上盖焗。怎么知道熟了没有？很容易，闻到一阵阵的浓香，就是熟了。剥壳，用布抹秽，就能吃了，吃时最好淋点刚炸好的猪油，是仙人的食物。

xìng rén 杏仁

杏仁，英文名 Almond，法文名 L'amande，与桃属于同科，所以叶和花长得和桃树的很接近，树可长至二三十英尺高。与桃不同的是，杏的果子只是一层硬皮包着一颗核，裂了，就露出杏仁来。

中国的杏仁，只有指甲般大，比外国的大如橄榄的杏仁小得多。我们通常将杏仁分为南杏仁和北杏仁，南杏仁甜，北杏仁苦；外国人也有甜杏仁和苦杏仁之分。

一般的考证说，杏原产于北非，但这也没经过证实，只知文献一早就记载，考古学家发现过古波斯人栽种杏树的遗迹。

吃法甚多，即刻令人想起的是广东菜的"杏汁炖白肺"，用的是9/10 南杏，1/10 北杏。北杏苦，不能同一比例。既苦，何必不干脆全用南杏？因北杏香味重也。猪肺一洗再洗，然后炖大个钟①。在第 5 小时才把杏仁放入，炖至全部溶化为止。此汤极浓，色似雪，香味扑鼻，但已难找到好的大师傅做这道汤了。

广东人煲家庭汤，也多用南北杏；不然就入药，有止咳平喘、润肠通便之功效。西医证实杏仁含大量维生素 E，可降低患心血管疾病的风险。又有传说，杏仁能治糖尿病。当今的人生活得太好，有患糖尿病的风险，不如在儿童时期吃杏仁来预防。但是杏仁有很高的热量，每 100克约有 600 卡路里，等于两碗饭，不能多吃。杏仁亦含有微毒，少食为妙，但是不过量总是安全的。

杏仁霜和杏仁糊是著名的甜品，前者是杏仁焙干后磨出来的粉，后者是直接加水煮成的。说到用杏仁制饼，大家都会想起中国澳门的土产。

在外国，杏仁最普遍的吃法，是将它放进焗炉内烘焙，撒上盐，就是送酒的良物。舂碎杏仁，加入牛奶，便是著名的杏仁奶了。做蛋糕、煮鱼块时它也能大派用场。

意大利的烈酒 Amaretto 是用杏仁做的，半软半硬的牛轧糖（Nougat）也有杏仁碎，法国出名的甜脆饼马卡龙（Macaron）亦然。

---

① 大个钟，方言，指几小时。——编者注

X

至于洋人常用的苦杏，通常榨了油，用来做香薰。

杏仁有说不完的做法，喜欢的说很香；但讨厌的，说有一股老鼠排泄物味，一闻就逃之夭夭。

yā　鸭

为什么把水陆两栖的动物叫作"鸭"？大概是因为它们一直"鸭鸭"地叫自己的名字吧？

鸭子走路和游泳都很慢，飞又飞不高，很容易被人类饲养成家禽。它的肉有股强烈的味道，是香是臭，取决于你的喜恶，鸭肉吃起来总比鸡肉有个性得多。

中国北方吃鸭最著名的吃法当然是北京烤鸭了。有人嫌鸭子不够肥，还发明出"填"法饲养。

一般人吃烤鸭只吃皮，皮固然好吃，但比不上乳猪的。我吃烤鸭也爱吃肉，直接吃也行，用来炒韭黄也很不错。最后连叫作"壳子"的骨头也可以拿去和白菜一起熬汤。熬的时间够长的话，做出来的汤很香甜，但是熬汤时记得把鸭尾巴去掉，否则异味久久不散。

鸭尾巴藏了什么东西呢？是两种脂肪。你仔细看鸭子游泳就知道，羽毛浸湿了，鸭子就把头钻到尾巴里取一层油，再涂到身体其他部分，全身发光，你说厉不厉害？

吃起鸭屁股来，可是会上瘾的。我试过一次，从此不敢碰它。

南方吃鸭的方法当然是烧或卤，和鹅的做法一样，只是鹅贵，鸭便宜。鸭肉胜于鹅肉的是它没有季节性，一年到头都很柔软。

至于鸭蛋，和肉一样，比鸡蛋的味道还要强烈，一般不用来煮，但是腌皮蛋都要用鸭蛋，用鸡蛋的话味道不够浓。

潮州、福建一带的名菜蚝煎，也非用鸭蛋不可，鸡蛋味道太淡。

西餐中以鸭为材料的菜很多。法国人用油盐浸鸭腿，蒸熟后再把皮煎至香脆，非常美味。意大利人也爱用橙皮来烹调鸭子。只有日本菜中很少见鸭。在日本的超市或百货公司中很难找到鸭，在动物园之类的地方才看得到。

其实日本关西一带的人也吃鸭，不过多数是吃琵琶湖中的水鸭，用来切片涮火锅，到烧鸟店去也可以吃烤鸭串。

日语中骂人的话不多，用"鸭"来骂人算一种：鸭的日文名叫"Kamo"，骂人家"Kamo"，有"老衬"[①]的意思。

yán 盐

在大家都怕吃得太咸的今天，盐好像成了人类最大的敌人；但天下的食物，少了它，多么乏味。

我们厨房中的那罐盐已少用。中国人喜欢以生抽来代替，泰国和越南人则加鱼露。

西方人没有酱油，要让食物的味浓一点，全靠那瓶摆在桌子上的盐，尤其是当早餐吃的煎或炒鸡蛋，没有了盐根本吞不下去。

所以在老饕食材店里出现了各种高级的盐，像设计师的产品，卖得很贵。到底是不是比普通的盐美味呢？

---

① 老衬，广东方言，指头脑糊涂之人。——编者注

你可以试试看，一些美食家说，这种高级盐更好吃。放一点点在舌头上，经美食家那么一说，虽然一般的盐有点苦味，但名牌盐似乎不同，但也许是受美食家的评语影响才那么认为。盐就是盐嘛，哪儿有贵贱之分？

话也不能这么说，我的老友蕨野君在神户开了一家铺子，用的东西都是最好的。他给我试过从大岛和冲绳买回来的盐，不是太咸，而且还有一点点甜味，绝对没有加糖和味精。

我想我们从前吃的盐，都是最好的。当年海水没受污染，空气也清新，晒出来的盐当然最好。那些所谓的名牌盐，不过是在干净的环境下制造的罢了。

吃新鲜的刺身，要想不让它被酱油抢去味道，最好的方式就是蘸盐了。这时盐的好与坏，会吃得出，就像半夜起身喝水一样，用水龙头的水煮的开水一点味道也没有，矿泉水则是甜的。

但是汤中下的盐，就没办法辨别了，绝对喝不出盐中的钙和镁等元素。任何盐都是一样的，不必花那么多钱去买名牌。

别的菜可用酱油，但煲汤时，一定要用盐。像老鸡汤、青红萝卜汤、西洋菜炖肾等，下了酱油会把味道破坏。

盐分粗细，做盐焗时，一定要用粗的，粗盐在老式的杂货店可以买到，一大包不过几元。买回家用一个生铁锅，把螃蟹洗干净了放进去，铺上大量粗盐，上盖焗到闻到香味，就熟了。这方法又简单又方便，焗虾亦可，各位不妨试试。

Y

芫荽，俗名香菜。味道极有个性，强烈得很，味道不是人人都能接受的，有的人一看到就要从菜中挑出来。

英文名叫 Coriander，容易和西洋芫荽 Parsley 混淆，还是叫 Cilantro 比较恰当。有时，用 Cilantro 欧洲人搞不清楚，要叫 Chinese Parsley 才买得到。

Cilantro 来自希腊文 Koris，是臭虫的意思，足以见得它的味道有多厉害！所以大多数欧洲人吃不惯，除了葡萄牙人。葡萄牙人从非洲引进这种食材，不觉得臭，反觉得香。

其实吃芫荽的国家可多得是，埃及人建金字塔时已有用芫荽的记录。印度人更喜爱，连芫荽的种子也拿去做咖喱粉。在印度，芫荽极便宜，我有一次在班加罗尔拍戏，到街市买菜煮给工作人员吃，1 千克芫荽才卖 1 港元。

东南亚不必说，泰国人几乎无芫荽不欢，他们吃芫荽，是连根吃的。

中国菜里，拿芫荽当装饰，实在对不起它。不过也有些年轻人讨厌它。

芫荽入菜，款式千变万化，最原始的是潮州人的吃法：早上煲粥前，先把芫荽洗干净，切段，然后以鱼露泡之，等粥一滚好，即能拌着吃。太香、太好味，连吃三大碗粥，面不改色。中国台湾人的肉臊面，汤中也下芫荽。这么一想，好像所有的汤，什么大血汤、大肠汤、贡丸汤、四神汤等，都要下。

北方人拿来和腐皮一起拌凉菜，也能送酒。有时我把芫荽和江鱼仔放在一起，爆它一爆，放进冰箱，一想到就拿出来吃。

泰国人的拌凉菜被称为腌（Yum），在腌牛肉、腌粉丝、腌鸡脚中，和红干葱片一样重要的，就是芫荽了。

芫荽和汤的确配合得极佳，下一撮芫荽固然美味，但喝了不过瘾，干脆用大把芫荽煲汤好了。广东人的皮蛋瘦肉芫荽汤，的确一流。从前在中国香港贾炳达道有家铺子，老板知道我喜欢，一看到我就跑进厨房，用大量的鲩鱼片和芫荽隔火清炖，做出来的汤呈翡翠色，如水晶一样透明。整盅喝完，宿醉一扫而空，天下极品也。

yàn wō 燕窝

燕窝，全世界除了中国人会欣赏，没有别的国家的人会吃。英文名也只有直译，外国人看到我们花那么多钱买这些燕子唾液，啧啧称奇。

到底有什么营养？为什么中国人那么重视？专家们把燕窝分析来分析去，在显微镜底下发现的，也不过是蛋白质而已。

完全无效吗？也不是。很多个案证实，吃燕窝的人，皮肤的确比不吃的人光滑，身体也更为强壮，令外国人觉得不可思议。

但是这些例子，只限于长期服食的人。偶尔吃个几口，根本无效。有古籍记载，每回吃燕窝，还要吃至少 1 两呢。

燕窝从哪里来？中国人小时候往往已听说燕子在山洞里筑巢，把吃的东西在胃里化成浓液，吐出来当原料；巢都筑在高处，采摘时跌死很多人云云。

当今也有所谓"屋燕"的，那是自然环境受到破坏，燕子无处休息，只能躲进空置的大宅筑巢,商人采之,称为屋燕。

也不是所有的燕子都吐液,一般的还是和其他鸟一样,衔着一根根的枯草筑之。只有几种特别的燕子才造燕窝,它们分别长在越南、印度尼西亚和泰国三个地方罢了。

品种最好的燕窝,是越南的"会安燕"产的,其香味甚浓,而且一两干燕窝可泡发出五六两来,虽然价钱贵,但也较划算。泰国的次之,印度尼西亚的更次之。

所谓的"血燕"呢?那是红颜色的燕窝,传说是燕子连血也吐了出来,特别补。其实那是某种燕子爱吃海草,海草中富含铁,故燕窝呈红色。

燕窝的吃法不多,通常是用冰糖炖之,也有人加了杏汁和椰汁来让味道起变化。

咸的吃法更少,大厨都说燕窝遇到盐会溶化,客人会觉得量少。其实用上汤烹调的话,上桌前才淋,燕窝就不会融化。

当今假燕窝很多,有的做得连专家也分辨不出。买燕窝的话,到一家熟悉的铺子去购买最佳,不然就去有信用的老字号,价钱虽较贵,但买了安心。

缅甸有种树脂,样子和口感,和真燕窝一样。泰国街边的几元一杯的燕窝水,就是把这种树脂当作原料的。

yáng   羊

问任何一个老饕,肉类中最好吃的是什么,答案一定是羊肉。

鸡肉、猪肉和牛肉固然鲜美，但说到个性强的，没有什么肉可以和羊肉比。

很多人不喜欢羊肉的味道，说很膻。如果吃羊肉也要做到一点膻味也没有，那么干脆去吃鸡肉好了。羊肉不膻，是缺点。

我一生中吃过的最好的羊肉，是在南斯拉夫①吃的。农民一早耕作，屠了一只羊，放在铁架器上，轴心的两旁有个荷兰式的风车，下面用稻草煨之。风吹来，一面转一面烤。等到日落，羊全熟，抬回去斩成一块块，一点调味料也不必加，直接抓起羊块，蘸点盐入口。太过腻的时候，咬一口洋葱，再咬一口羊肉。啊！真是天下美味。

整只羊最好吃的是哪个部分？当然是羊腰旁边的肥膏了。香到极致，吃了不羡仙。

我在北京吃的涮羊肉，并没有半肥瘦之分，盘中所摆尽是瘦肉。这时候可另点一碟"圈子"。所谓圈子，就是全肥的羊膏，夹一片肉，再夹一片圈子来涮火锅，就是最佳状态的半肥瘦了。

中东地区和中国新疆的烤羊肉串，我印象中肉总是很硬，但也有柔软的，要看羊的品质好不好。那边的人当然会加香料烤，有些人可能吃不习惯，但若爱上了，则非它不可。

很常见的烤羊，是把肉切成圆形，一片瘦肉一片肥肉，叠得像根柱子，一边用煤气炉喷出火来烧。我是在土耳其吃的，当地人不用煤气，是将一支支木炭横列，只有用木炭圆形的一头，火力才均匀、够猛，烤

① 南斯拉夫是1929年至2003年建立于南欧巴尔干半岛上的国家，作者在其解体前曾前往当地进行电影摄制工作。——编者注

出来的肉特别香。

海南岛上有种羊叫东山羊，体积很小，听说能爬上树。我去了才发现，原来树干已打横，谁都可以爬上去。但是在非洲的小羊，为了吃树上的叶子，的确会抱着树干爬上去，这也是我亲眼看到的。这种羊烤来吃，肉特别嫩，但香味不足。

肉味最重的是绵羊，膻得简直冲鼻，用来煮咖喱，特别好吃。马来人做沙嗲也爱用羊肉，是将它切成细片再串起来烧的。虽然很好吃，但我还是爱羊肠沙嗲，肠中有肥膏，是吃了永生不忘的味道。

教你煮好菜

人们常吃到的是枝竹①羊腩煲，这个菜不难做。将羊腩洗净，放入沸水中煮熟，取出。将炸枝竹浸软后剪成段。将几片陈皮浸软，刮去白瓤。一切准备好后，便可开大火将镬烧红，下一汤匙油，然后放入姜、干葱头及南乳爆香，放入羊腩炒至熟透，下一点绍兴酒更佳。然后将整锅材料转放入瓦锅中，加水；再下红枣、陈皮和片糖，用慢火煮1小时，最后加入枝竹、马蹄，再焖煮半小时便可以吃。吃不完的可以当作火锅，边吃边加蔬菜，汤汁愈滚愈香浓，比一般清水火锅高级得多。

肯下本钱，可到高级超市买几条羊架，新西兰和法国产的都

---

① 枝竹又名腐竹。——编者注

不错。回家先用湿布将羊架抹净，再放在大碗中，用叉刺几下，使肉更松软，也更入味；然后加入红酒、橄榄油、孜然粉和盐等调味料腌两小时，便可以开始煎。镬中下橄榄油，以慢火烧热，再放入羊架。

最好吃的是烤全羊的羊腰那圈肥膏，又香又滑，吃过一次，会念念不忘。找个相熟的肉贩，请他为你留下那一圈肥肉。将整块肥肉放进烤箱，用中火焗 20 分钟就可以了。加太多调味料只会掩盖原味，吃时只要蘸些盐就已足够。第一次吃，你可能怕脏，会用刀叉慢慢地一块一块切来吃；后来你会发现，只有用手捧着吃才过瘾。

yáng jiǎo dòu　羊角豆

羊角豆[①]有一个很美丽的名字，叫"淑女的手指"。的确，加一点点的想象力，这枝又纤细又修长的豆，形态和女孩子的手指很相像。

将羊角豆一剥开，里面有许多小圆粒的种子，被黏液包着。吃它的皮或种子，有全部鲠进嘴里的那种黏糊糊的感觉，这种口感有些人会很

---

① 羊角豆亦称秋葵。——编者注

害怕，试过一次之后就不敢再去碰它；但是一旦喜欢上，就愈吃愈多，不黏的话就完全乏味了。

羊角豆并不是一种在中餐中常入馔的蔬菜，却在印度和东南亚一带大行其道，烹调方法之多，数之不清。

一般人做咖喱加的是薯仔，但是印度人用羊角豆来煮咖喱，也很美味。但它只能被当成副料，要是全靠它而不加鱼或肉的话，味道就太寡了。

正宗的咖喱鱼头这道菜中一定要加羊角豆。并不将其切开，而是整枝放进去；等到入味了，羊角豆里面的种子一粒粒发胀，每咬一口，咖喱汁就在嘴中爆炸，这是蔬菜中的鱼子酱。

有时切细羊角豆来炒马来盏，也是一道很好的下饭菜。做法简单，把羊角豆切成五毛钱币般厚，备用，马来盏用虾米、指天椒、大蒜春烂后再猛火爆之，等到发香时下羊角豆，炒到烂熟，就能上桌了。

日本人也常把羊角豆当冷盘，切片后放进滚水中灼一灼，捞起，加木鱼丝，最后淋上一点酱油，即成。他们的天妇罗也常用羊角豆来炸。

在南洋生长的华人，是拿羊角豆来酿豆腐的。酿豆腐为客家菜，把鱼胶塞入豆腐或豆卜之中煮熟。到了南洋，就地取材，挖空了羊角豆来酿鱼胶。

招待朋友时，我曾经把大量的羊角豆剥皮，只取出种子；用云南的牛肝菌加酱油红炆后，用块布包着榨出浓汁，再去煨羊角豆粒。客人都吃得津津有味，不知是用什么食材做的。

yáng táo　阳桃

阳桃果实呈椭圆形，大如童鞋，初绿色，熟后呈金黄，有五条突起的棱脊，横切之，如星状，故洋人称之为星果（Star Fruit），或叫作Carambola。

原产地应该是爪哇[①]，当地人叫作Belimbing Manis。

阳桃传到中国，早在汉朝就有栽培记载，最初是在岭南和闽中，但在云南亦有种植，又名五敛子、五棱子。阳桃是从"洋桃"的发音演绎出来的。

李时珍云："五敛子出岭南及闽中，其大如拳，其色青黄润绿，形甚诡异……皮肉脆软，其味初酸久甘。"

大致上可以分为酸阳桃和甜阳桃两大类，前者绿色，树高可长至二三十尺，粗生；后者黄色，树矮小。种植方法多是接枝，在枝干上用泥土包口，长出根后锄下种之。阳桃有种子，如果用种子种出来，甜阳桃也会变种为酸阳桃。

今人研究又研究，本来只在中秋前最成熟的阳桃，已变为一年到尾都能生长，而且还有一些没有种子的品种。

阳桃有薄皮，外层蜡状，削去棱脊硬背即可切条生吃。有生津止渴、解毒醒酒的作用。根部可止血止痛，花白色带有紫斑，煮之可治水土不服。

仔细品之，阳桃有种独特的香味，与佛手一样，供奉神明亦为佳品。

---

① 现印度尼西亚爪哇岛一带。——编者注

果实含有蔗糖、果糖、葡萄糖，另有苹果酸、柠檬酸、草酸，以及大量维生素。阳桃在中国台湾地区是最受当地人欢迎的水果之一，自古以来已知用来煮汤或浸渍成汁当作饮品，到处可见小贩叫卖："新花不似旧花，旧花食落无渣。"卖阳桃汁最著名的小贩有个古怪的绰号，叫"黑面蔡"。

阳桃在西方和日本、韩国，都得不到接受，而中国大陆人似乎也不当它是什么好吃的东西，餐后的水果盘中，甚少出现阳桃。

印度人种植得普遍，多数是把阳桃腌制了当成果酱来刺激胃口，煮咖喱的例子则无。但南洋人爱之，酸阳桃是做蜜饯的主要材料，盐渍和糖腌皆行，或晒成干，也做罐头和果酱。

新鲜榨的阳桃汁甚甜，果实煮后又是另一番风味，两者皆宜。阳桃性稍寒，多食伤脾胃，如果用作食疗，最好别冷冻或加冰。阳桃汁只要不冷饮，就不会喝个不停了。

yáng cōng　洋葱

凡是带洋、番、胡等字的，基本都是由外国输入的东西。洋葱原产于中亚。

家里不妨多放几个洋葱，它是最容易保存的蔬菜，不必放在冰箱中，所以也不占位置，一摆可以摆两三个月。什么时候知道已经不能吃了呢？整个枯干了，也许洋葱头上长出幼苗来，就是它的寿终正寝，或是下一代的延长。

外国人不可一日无此君，许多菜都以洋葱为主料，连汤也煲之，最出名的是法国洋葱汤。

切洋葱一不小心就被那股气味刺激出眼泪来。有许多方法克服，比方说先浸盐水等，但最基本的还是把手伸长，尽量离眼睛远一些。

先烧热油，把切好的洋葱扔下，煎至略焦，打一个蛋进去，是最简单不过的早餐。大人放点盐，给小孩子吃则加点糖去引诱他们。这道洋葱炒蛋，人人喜欢。

同样方式可以用来炒牛肉，不然开一罐腌牛肉罐头进镬，兜乱它，又是一道很美味的菜，不过腌牛肉罐头记得要用阿根廷产的才够香。

印象中洋葱只得一个辣字，其实它很甜，用它熬汤或煮酱，下得愈多愈甜。

烧咖喱不可缺少洋葱，将一至两个洋葱切片或剁成蓉，下镬煎至金黄，撒上咖喱粉，再炒一炒。咖喱膏味溢出时就可以拿它来炒鸡肉或羊肉，炒至半熟，转放入一个大锅中，加椰浆或牛奶，滚至熟，就是一道好吃的咖喱。你试试看，就会发现不是那么难。

或者在方便面中加几片洋葱，整碗东西就好吃起来。洋葱是变化无穷的。

基本上，洋葱肥美起来可以生吃，外国人的汉堡包中一定有生洋葱，沙拉中也有洋葱的份。但选用意大利的红洋葱较佳，颜色也漂亮，更能引起食欲。

有种洋葱甜得很，在美国旧金山倪匡兄的家，看见厨房里放了一大袋洋葱，他说："试试看，吃起来像梨。"

我咬了一口，虽然比意料中的还要甜，但是吃洋葱后和吃蒜头一

样，难免有一股怪味，所以要和倪匡兄两个人一起吃，就是名副其实的
臭味相投了。

yāo guǒ　腰果

腰果（Cashew Nut）原产于巴西的森林，传到非洲，自古以来就有
人种植，当今最大的产区是印度，占有全世界产量的 90%。

树可以长到三四十英尺高，开紫色的小花后结成鲜红色的果实，有
点像一个倒头栽的莲雾，可食；但是腰果并非从果实中取出，而是生在
蒂部，由两层硬皮包裹住。

皮和果之间有一种油保护着，这种腰果油腐蚀性强，如果用口去咬
破的话，嘴唇一定红肿起泡。除壳后的果仁要在水中浸 12 小时，才能完
全地洗净果油，再来日晒。制作过程是非常复杂和艰苦的。

所以从前腰果被认为是很珍贵的食材，得之不易，吃起来的感觉
也特别香脆；当今在人工费便宜的印度大量生产，再加上中国也成功种
植，以大型机器剥壳熏干，腰果的存在，好像比花生价钱贵一点罢了，
味道也不像旧时那么好吃了。

腰果很容易劣化，得用真空包装或密封的餐器来保存，不然的话果
油酸化变臭，再怎么处理也无效。通常，新鲜的腰果放在冰箱内也只有
6 个月的寿命；置于冻柜中，摆得上一年罢了。

最普通的吃法是将腰果在滚油中过一过，捞起，即能食之，最佳状

态在于有点余温。一般的酒保直接冷着拿出来给客人下酒，好酒保会放进微波炉中"叮一叮"[①]，效果完全不同。

把腰果磨成果酱，当然比花生酱高级。洋人喜欢用腰果酱来做蛋糕、布丁和饼干，但印度人、中东人爱以腰果入馔。咖喱中混着腰果和葡萄干，特别开胃。印度的一味饭也很喜欢加入腰果。

中国人做菜，在炒菜粒的时候用上腰果，但一般都当成餐前菜下酒。

近来冬荫功大行其道，泰国杂货店里看到冬荫功腰果出售，那是把腰果油炸后加入风干的香茅、柠檬叶、辣椒干和各种香料制成的，做得非常出色。

果仁之中，腰果中的不饱和脂肪酸大概占其总脂肪的 76%，是最健康的。

yē cài 椰菜

粤人之椰菜，与棕榈科毫无关联，样子也不像椰子。北方人称之为甘蓝，俗名包心菜或洋白菜。闽南及台湾地区的人则叫它高丽菜。

洋人多把它拿去煲汤，或切成细丝腌制。德国人吃的咸猪手里的酸

---

① "叮一叮"指加热，许多微波炉在加热完成时会发出"叮"的声音，故有此说法。——编者注

菜,就是椰菜丝。

韩国人吃的高丽菜,也是腌制的居多,加辣椒粉炮制,发酵后味带酸。友人鸿哥也用西红柿酱腌它,加了点糖,样子像韩国金渍,但吃起来不辣又很爽口,非常出色。

至于中国北方人的泡菜,直接用一大缸盐水泡起来,我觉得没什么特别味道,在北方长大的人更喜欢。

菜市场中卖的椰菜,很多又圆又大,扁形的并不好吃。要买的话最好买天津生产的,像一个圆球,味道最佳,可向小贩请教。

椰菜可保存很久,在家中冰箱里放上一两个月,泡方便面时剥几片下锅,再加点天津冬菜,已很美味。

冬菜和椰菜的搭配奇好,正宗海南鸡饭的汤,拿了煲鸡的汤熬椰菜,再加冬菜即成,不必太过花哨。香港人卖海南鸡饭,就永远学不会煮这个汤。

其实椰菜的做法很多,任何肉类都适合炒之,是一种极得人欢心的蔬菜。我们也可以自制泡菜,把椰菜洗净,抹点盐,多加一些糖,放几个小时就可以拿来吃了,不够酸的话可以加点白米醋。

罗宋汤少不了椰菜,把牛腩切丁,加大量西红柿、薯仔和椰菜,煲个两三小时,就是一碗又浓又香的汤,很容易做,只要小心看火,不煲干就是。

很多人一开始学做菜,很喜欢拿椰菜当材料。他们一看到杂志和电视节目中把椰菜烫一烫,拿去包碎肉,再煮,即是一道又美观又好吃的菜,就马上学习。结果弄出来的形状崩溃,肉又淡而无味,椰菜过老。马脚尽露,羞死人也。

现在教你们一个永不失败的做法,那就是把椰菜切成细丝,加点盐，加大量黑胡椒粉，滴几滴橄榄油，就那么拌来生吃，味道好得不得了。加味精，更能骗人。试试看吧。

yē cài huā　椰菜花

椰菜花 [1]，英语作 Cauliflower，法文为 Chou-fleur。

别以为只有白色的，橙色的、红色的皆有。白的有个很好听的名字叫"雪冠"，橙的叫"橘花球"，红的叫"紫后"。

还有一种模样很怪的，像史前动物有角乌龟，也像珊瑚礁，在中国香港地区的市场中也有出售，味道比一般的椰菜花还要甜。

当今已不见野生的了，椰菜花都是人工种植的，叶子在地面上向四周张开，吃的是中间花蕊，维生素 C 含量极高。

首先，要洗椰菜花根本就不可能，花蕊结得很实很紧，就算从尾部剖开，也不能彻底洗净，唯有用刀子把表面沾着污泥的地方削去，缝中藏了些什么不知道。

洋人极爱将椰菜花切片，当沙拉生吃，农药用得过多的今日，这是很不明智的，还是吃用它做的泡菜安全。

椰菜花泡菜只是将椰菜花浸在醋和盐水之中，无多大学问。有些

---

[1]　椰菜花也称花椰菜、菜花、花菜等。——编者注

是煮熟再浸，有些是直接浸，前者较软，后者较硬，都不是太好吃的东西。

椰菜花本身无味，吃起来像嚼发泡胶，本身味道就不讨巧，也少听到有人特别喜欢。

我们将它切开来炒，大师傅会过过水。家庭主妇直接炒，很难熟，有个办法是多加点水，等汁滚了，上镬盖，炒不熟也要焗熟它。

椰菜花炒猪肉片、牛肉丝是最普通的做法，也不是什么上得了厅堂的菜。

我也想不出有什么办法把椰菜花弄得好吃，唯有把它当芥菜一样泡：将椰菜花切成小角，鱼蛋般大，抹上盐，出水。待干，用一个玻璃瓶装起来，放半瓶鱼露，加辣椒、糖、大蒜片泡个一两天就可以吃，还不错。

在西餐中，看到椰菜花被当成牛扒、猪扒的配菜，焓熟了放在碟边，我从来没去碰过它。

yē jiāng 椰浆

成熟的椰子，敲开其硬壳，里面有一层很厚的肉。通常是由小贩用块木头，插上一个铁刨，刨上有锯口，把半个椰子拿在上面刨椰丝；再把椰丝放在一片干净的布上，包住并大力挤，奶白色的又香又浓的浆就流出来了。装进罐头的椰浆，因经过高温杀菌处理，已没有新鲜挤出来的那么香。两种产品都能在中国香港地区春园街的"成发"买到。

煮印度咖喱不必用，但是南洋式的，像泰国、印度尼西亚和马来西亚的咖喱，非加椰浆不可。

先用油爆香洋葱和南洋咖喱粉，放鸡肉进镬炒个半熟；再放椰浆进去，比例是一分椰浆三分水。如果要浓，椰浆和水各一半。炆 15 分钟，即成。

嗜辣者可加大量辣椒粉，不爱辣的单单靠咖喱粉中的辣椒已够刺激，南洋咖喱与印度的不同，各有千秋。

椰浆也常用于甜品之中，最普通的是椰浆大菜糕。将大菜——南洋人叫作燕菜的，剪段放入滚水中煮至溶化，加糖。这时加进青柠汁或红石榴汁，放入一个深盘中，等凝固。另一边，同样溶了大菜，加椰浆，不必兑水。倒进结好块的水果大菜中，放入冰箱，半小时后就有下层青或红、上层雪白的糕点。切开来吃，是很上乘的甜品。

所谓的"珍多冰"，是印度尼西亚和马来西亚的饮品，当今泰国、越南菜馆也做。把绿豆糕做得像银针粉一样，加甜红豆、大量碎冰，倒入新鲜椰浆，再淋椰子糖浆，即成。灵魂在于那褐色的椰子糖浆，用普通糖浆的话，多新鲜的椰浆也做不出纯正的味道来。

很奇怪的是，椰浆和蔬菜的配合也特佳：豆角、椰菜、羊角豆等，放椰浆去煮很好吃。尤其是蕹菜，更适合用椰浆来煮。先把蕹菜炒个半熟，加椰浆，放一点点糖和盐，滚一分钟即能上桌。喜欢的话可以加一小茶匙的绿咖喱粉提味，椰浆则不必再兑水了。

椰浆直接喝也行，和椰青的味道完全是两回事。我常将椰青混威士忌当鸡尾酒。椰浆的话，倒伏特加或特其拉，最后加椰浆，是夏天最佳饮品。

Y

yē zi　椰子

　　南洋椰树多，长满椰子，老了就掉下来。说来奇怪，从来没听过椰子打穿人的头颅。

　　印度咖喱有自己的做法，但星马人的咖喱，非用椰浆不可。椰浆用途较广，做甜品多数要用椰浆，做饮料也用它。

　　把椰肉晒干，再挤，便见椰油了。它是制造肥皂不可缺少的原料。

　　嫩些的椰子，直接削去顶上的硬皮，凿个洞，插进一支吸管，喝清酵甘甜的椰水，最适宜。但是，说什么也不够甜。

　　真正甜的椰子水，是用一种较小的椰子做的。在它的壳刚刚硬，还没有老化时拿到火上烧烤一番，这时候的热度使椰子糖融化，椰水最甜，中国香港人称之为椰皇。

　　把椰浆拿去煮，再掺入黄颜色的原始砂糖，就变成椰糖了。

　　印度小贩头上顶着一个大藤篮，拿下来把盖子打开，里面是把米粉蒸熟后卷成一卷卷的，比一团云吞面还小。在米粉上面撒上点椰糖，用手抓着吃，是最佳的早餐之一。

　　另一种早餐椰浆饭也要用椰浆，把椰浆放进米中炊成香喷喷的饭。上面铺个十几条炸香的小江鱼，再加很甜的虾米辣椒酱，是天下美味。

　　由椰树生产的食品数之不尽，但最精彩的还是椰子酒。

　　印度人爬上树，用大刀把刚长出来的小椰子削去，给小椰子供应营养的树汁就滴了出来，一滴滴地掉进一个绑在大刀尖端的陶壶之中；再把酒饼放入，自然发酵后隔日便能拿下来喝。

　　这时的椰子酒最为清甜。再让它发酵个一两天，酒精浓度增加，但变得有点酸，又有种异味，喝完之后椰子酒还在你胃中发酵产生酒精，一下子醉人。天下事，再没有比它更过瘾的了。

yě méi　野莓

　　野莓，很难对它下定义，它并不属于葡萄或西红柿等大量生产的果实类。凡是野生的，肉薄多汁的莓类，都叫野莓吧。

　　最重要的野莓，当今也有人种植了，像最近大家认为有明目效果的"蓝莓"（Blueberry），也有20多个种类，经挑选和品种改良，当今生产的是小指指甲般大的果实，表面有一层白色的薄粉，果实带酸，改良后已非常香甜；在超级市场有新鲜的卖，可以生吃，但多用在雪糕、果酱和浸水果酒上，做饼时也常加入蓝莓。

　　"红莓"（Raspberry，覆盆子）最像"草莓"（Strawberry），但也有20种以上的区别。虽说红莓多为野生，但在古罗马时代已有培植的记录。因其易烂，从前很少在市场上见到；当今改良，在超级市场中已有贩卖。

　　"黑莓"（Blackberry）的栽培很迟，到19世纪初才在美国开始。品种改良后，本来带刺的茎，变得平滑。黑莓的喜爱者不少，将它做成果酱的尤其多。

　　"鹅莓"（Gooseberry，醋栗）照名称上看，是鹅吃的。它的样子很怪，外层有一个像灯笼一样的罩，打开了才见黄色果实。它成熟后很甜，当今在山东等地被大量种植，当地人称其为"宝宝"。

"银莓"（Silverberry，银果胡颓子）的果实并不是银色，是灰黄色罢了，中国名为"茱萸"，是野莓中较大的。多数是生吃，但也用来泡酒；有药性，可治腹泻，并能止咳。

"越橘"（Cowberry），日文名为"苔桃"（Kokemomo），并非桃色，而是赤红。从北欧到美洲，分布极广。酸性重，鸟类肯吃。

很多人不知道，"桑葚"（Mulberry）也属于野莓的一种，是紫色的小粒结成的果实，非常甜。当今在广东一带已有人大量种植，做成果酱和果汁，能帮助消化。

不是每一种野莓都能摘来吃的，有些颜色鲜艳的，像"肥皂莓"（Soapberry，无患子）和"雪莓"（Snowberry，白浆果）都有毒，在郊外散步，有专家做向导才可采摘，还是在超级市场买到的安全。

yín yú　银鱼

街市中常见的白饭鱼[①]，有拇指般长，其一半粗。英文名为 Ice Fish，日本人称之为白鱼（Shirauo），活着的时候全身透明，一死就变白，故

---

① 白饭鱼即银鱼，是鲑形目银鱼科鱼类的总称，活鱼及鲜鱼为银白色，故名银鱼。本文提到的"银鱼仔"为鲱科沙丁鱼属鱼类。一些地方会将白饭鱼与银鱼仔混淆。——编者注

名之。它与鲑鱼一样，在海中成长，游到淡水溪涧产卵后，即亡。

我们通常是买白饭鱼回家煎蛋。把两三个鸡蛋打散，投进白饭鱼；待油热，入镬，煎至略焦为止，不加调味料的话，嫌淡可以蘸一蘸鱼露或酱油，这种吃法最简单不过，也很健康，当家常菜一流。

因为鱼身小，所以不蒸来吃。用油干煎，最后下糖和酱油，连骨头一块咬，也很美味。

日本人用白饭鱼来做寿司，一团饭外包着一片紫菜，围成一个圈，上面铺白饭鱼来吃。

炸成天妇罗又是一种吃法，有时在味噌汤（面豉汤）中加白饭鱼，也可做成清汤的"吸物"，在西洋料理中就很少看到以白饭鱼入馔的。

银鱼仔属于鲱科，是幼小的沙丁鱼，英文名叫 Japanese Sardine。仔细观察，会发现每条鱼身上有七个黑点，这是它的特征。银鱼仔只有小指指甲的 1/10 那么小，像银针。

此鱼太小，连煎也不够，只可以用盐水煮后晒干，半湿状态下的最为鲜美。通常是将其放进碟中，铺了蒜蓉，在饭上蒸熟。中国台湾地区的人则喜欢在蒜蓉上再加一点浓厚的酱油膏，更是美味。

一时胃口不好，又不想吃太多花样时，把银鱼仔蒸一蒸，混入切得很细的青葱，淋一点酱油，铺在饭上就那么吃，早中晚三顿都食之不厌。

银鱼仔在潮州人的杂货店中有售，但有时人们看到苍蝇，就不敢去买了。去日本旅行时如果见到透明塑料包装的银鱼仔，不妨多买几袋回来，分成数小包，放在冰柜中，贮藏数月都不坏，吃时取一小包解冻即可。

晒得完全干的银鱼仔肉质比较硬，牙齿好的人但吃无妨，也可以保存得更久。

日本人还把生银鱼仔铺在一片片长方形的铁丝网上晒干，称为 Tatami Iwashi，形状似榻榻米之故[①]。将它放在炭上烤一烤，淋上甜酱油，吃巧而不吃饱，是下酒的良菜。

yīng táo　樱桃

櫻桃，古称含桃，为鹦鹉所含，故曰之。又名果樱、樱珠和楔。英文名 Cherry，中国香港人音译为樱桃，法文名 Cerise，德文名 Kirsche。被酿成烈酒，和啤酒一块喝的樱桃酒（Kirsch），因此得来。

樱桃原产地应该在亚州西部，没有经过正式的证实。公元前 300 年，希腊已有文字记载。

樱桃和梅、杏同属蔷薇科，樱桃树可长至三四十尺高，但并非每一棵樱桃树都能结果，否则日本全国皆是。可以长出樱桃的叫作"实樱"。

大的樱桃分甜樱桃和酸樱桃，前者直接当水果生吃；后者味酸浓，多数用来加工，糖渍之后做干果或糕点。

许多人以为日本应该是樱桃的最大产出国，但刚好相反，日本的樱桃数量极少，卖得也最贵，一盒三四十粒的樱桃要卖到几百美元，令欧洲人咂舌。

---

① Tatami 是日文单词的发音，意为榻榻米。——编者注

产量最大的是德国，接之是美国。美国有个品种叫 Bing，据说是纪念一个中国人的移植技术而命名的 ①。

欧洲种的樱桃多数为深紫色，那边的樱桃树和日本的不同，叶茂盛，长起樱桃来满枝皆是，很少看到粉红色的。

法国的蒙特莫伦西樱桃（Montmorency）堪称天下最稀有、最甜蜜的。一上市就被老饕抢光，法国人说能够品尝到一粒，此生无悔。

日本的樱桃多呈粉红色，酸的较多，其中有高沙、伊达锦，但最高级的是佐藤锦。

当今澳大利亚来的樱桃也不少，最好的是塔斯马尼亚岛上的黑魔鬼。它个头很大，只比荔枝小一点，多肉多汁，最甜。

中东人也好吃樱桃，干吃或用来煮肉，伊朗有很多樱桃菜。克罗地亚的扎达尔地区生产一种很酸但味道强烈的樱桃，叫 Maraschino，用来酿酒。意大利也做这种酒，特别之处是将樱桃核敲碎，增加了杏仁味。

在食物用具铺子里，可以找到一把铁钳，样子像从前的巴士检票员用来打孔检票的工具，那就是樱桃去核器了。

把樱桃用糖腌渍，装进玻璃瓶中，做起鸡尾酒来，和绿色橄榄的地位一样重要。著名的曼哈顿鸡尾酒，用的是一份美国波本威士忌，两份甜苦艾，最后加的一颗又大又红的樱桃，是不可缺少的。

---

① 据说此中国人名为阿冰（Bing）。——编者注

Y

开门七件事中的油，旧时应该指猪油吧。

猪油当今被认为是影响健康的罪魁祸首，从前是人体不能缺乏的。洋人每天用牛油搽面包，和我们吃猪油饭是同一个道理。东方人学吃西餐，牛油加了一块又一块，一点也不怕；但听到猪油就丧胆，是很可笑的一件事。

在植物油还没流行时，动物油是用来维持我们生命的。记得小时候亲友贫困，家里每个月都要把一桶桶的猪油寄给他们，当今生活充裕，大家可别漠视猪油这位老朋友。

猪油是天下最香的食物，不管是北方的葱油拌面，还是南方的干捞云吞面，没有了猪油，就永远吃不出好味道来。

花生油、粟米油、橄榄油等，虽说对健康好，但吃多了也不行。凡事适可而止，我们不必带着恐惧感进食，否则心理的毛病一定导致生理的毛病。

菜市场中已经没有现成的猪油出售，要吃猪油只有自己烹制。我认为最好的还是猪腹那一大片，请小贩替你裁个正方形的油片，然后切成半英寸见方的小粒。细火炸之，炸到微焦，这时的猪油最香。副产品的猪油渣，也是完美的，在这过程之中，不妨放几片小虾饼进油锅，炸出香脆的送酒菜来。

猪油渣放凉后直接吃，也是天下美味；不然拿来做菜，也是一流的食材，像将之炒面酱、炒豆芽、炒豆豉，比鱼翅、鲍鱼更好吃。

别以为只有中国人吃猪油渣，在墨西哥到处可以看到一张张炸好的猪皮，是当地人的家常菜。法国的小酒吧中，也奉送猪油渣下酒。

但是有些菜，还是要采用牛油的。像黑胡椒螃蟹，以牛油爆香，再加大量磨成粗粒的黑胡椒和大蒜，炒至金黄，即成。又如市面上看到的新鲜大蘑菇，亦可在平底镬中下一片牛油，将蘑菇煎至自己喜欢的软硬度，洒几滴酱油上桌，用刀叉切开来吃，简单又美味，很香甜。

至于橄榄油，则可买一颗肥大的椰菜，洗净后切成细丝，下大量的胡椒、一点点盐和一点点味精，最后淋上橄榄油拌之，直接生吃，比西洋沙拉更佳。

yóu yú　鱿鱼

英文的 Squid 和 Cuttlefish 都指鱿鱼，其日文名读作 Ika，西班牙人把它叫作 Calamar，意大利人称之为 Calamaro，这是我在欧洲旅行看菜单时习用的。

鱿鱼的全世界年产有 120 万 ~ 140 万吨那么多，是最平价的一种海鲜，吃法千变万化。

日本人将其生吃，以熟练的刀功切为像素面的细丝，故称之为 Ika Somen；中国人多用它来煮炒，也靠刀功。剥了鱿鱼那层皮，去掉体内软骨和头须，再将它交叉横切，刀刀不断，炒出美丽的花纹。这并不难，厨艺不是什么高科技，失败几次就学会了。做起菜来，比什么功夫都不花好得多，你说是不是？

鱿鱼的种类一共有 500 多种，其中烹调用的只限于 15 ～ 20 种罢了，我认为最好吃又最软熟的鱿鱼是拇指般大的那一种，要看新鲜不新鲜，在鱼档中用手指刮一刮它的身体，即刻起变化，成为一条黑线的，一定新鲜。不过不能在不相熟的鱼档做此事，否则会被骂。

把这种鱿鱼拔须及去软骨后洗净备用，往猪肉中加马蹄剁碎，调味，再塞入鱿鱼之中，最后用一根中国芹菜插入须头，牢牢钉进鱿鱼之中。放在碟上，撒上夜香花和姜丝，蒸 8 分钟即成，是一道又漂亮又美味的菜。

意大利人拿鱿鱼来切圈，沾面粉去炸，这时不叫 Calamaro 而叫 Frittura Mista 了。其他国家的鱿鱼用这种做法没什么吃头，但在地中海抓到的品种极为鲜甜，又很香，拌起意粉来味道也的确不同。

日本人把饭塞进大只的鱿鱼，切开来当饭团吃，味道平凡。有一种做法是把须塞进肚，再用酱油和糖醋去煮，叫"铁炮烧"，但家常的做法还是把生鱿鱼用盐泡渍，泡得又咸又腥，很下饭，叫作"盐辛"，也称之为"酒盗"，吃了咸到要不停地喝酒。

有次跟日本人半夜出海，捕捉会发光的小鱿鱼——"萤乌贼"。网了起来，这种鱿鱼还会叫，说了可能你也不相信。抓到的萤乌贼也不用洗，直接倒进一缸酱油里面，它们又叫又跳。这边厢，炊了一大锅饭，等热腾腾、香喷喷的日本米饭熟了，捞八九只萤乌贼入碗，拌一拌，直接在渔船中吃起来，天下美味。

yòu　柚

　　柚，产于印度尼西亚和马来西亚，当地名叫 Pumpulmas ；荷兰人在殖民地听到，改为 Pompelmoes ；传去英国则简化成 Pomelo 了。日本名是文旦（Buntan），也叫 Zabon。

　　中国在数千年前已经种植柚，最著名的产于广西容县的沙田，成为贡品之后乾隆皇帝食之，连声叫好，赐名沙田柚。从此中国人一提起柚，就叫沙田柚。香港也有一个叫沙田的地区，有人还以为沙田柚是香港产的呢。

　　在马来西亚怡保生长的柚子，个头最大，可达 10 千克以上；过年时节，当成礼品，叫成富贵柚。

　　柚子全身可食，肉分成瓣，每瓣有半边香蕉那么厚；多数带酸，味有点苦，甜的较少，一吃起来是令人停不住口的。它多汁，又可储藏甚久，有的长达半年，而且愈久愈甜，但此时汁已消失，干瘪瘪的，无甚吃头。

　　柚子皮很厚，通常用刀割开四瓣，就能剥开。内有白瓤，须仔细除去，才见柚肉。肉分有核与无核的，前者甚多，呈长方形，有小角，吃后吐得满地；后者是接枝变种后将核清除的，但无核之柚，吃起来不像柚。

　　虾子柚皮，是广东名菜之一，做法很繁复，蒸柚皮之后撒上虾子，好此道者大为赞赏。但对于不熟悉粤菜的外地人来说，花那么多功夫去处理一种"废物"，似乎不值得。

　　南洋人也只吃其肉，不懂得用皮入馔。顽童们只把柚子皮当成帽子遮阳。

当今在中国也不只是广西种植柚子，四川也有；其他地区将之变种，长出又甜又多汁的柚子来。

泰国的红肉柚子最甜，他们会做出一种柚子沙拉，深受人们喜爱。

日本人也会把柚子皮用糖腌制，称之为文旦渍（Buntan Tsuke）。但生吃柚子，始终流行不起来。

韩国人则将柚皮糖渍后切丝，制成饮品，当今的柚子皮汁大行其道。

传说柚子叶还有辟邪的功能，在广东等地，出席葬礼之后，母亲就会准备柚子叶让孩子冲凉，这是别处看不到的风俗。

yú chì **鱼翅**

鱼翅，一般是指鲨鱼的背鳍，游水时露在水面上的那个部分。其他的，像长在腹部的翅，或尾巴，都不能叫翅。

在海味店看到的干翅，大的有成人张开的双手那么大，大得惊人。加工后，一整片的叫排翅，零零落落的，只能叫散翅了。

想到吃鱼翅的人是个天才，但也是罪人，从此人们屠杀鲨鱼无数，有的鲨鱼还被活生生割了翅，扔回海中，实在残忍。

鱼翅本身无味，还带腥气，烹调过程相当繁复，得将干翅浸水数日，刮去皮和杂质，再用上汤煨之。一般家庭主妇已经不会做，可以向相熟的海味店买已经发好的，再用猪骨、火腿和鸡肉等食材，熬至剩下胶质，就能上桌了。

当然，愈长愈粗的鱼翅愈贵，有所谓天九翅，已是天价。有营养吗？不过是看重胶质而已，其实吃晒干的鱼鳔，名为花胶的，益处比鱼翅要多不少。

吃法首推潮州红烧翅，用了大量的猪油，没有了猪油就不够香。鱼翅的分量一定要多，否则看到汤上浮着几条，像在游泳，就倒胃口了。

婚宴上出现的鱼翅，碗中常见一条条白色的东西，那是连着鱼身的部分，通称鱼唇，其实和唇一点关系也搭不上。单单是鱼唇，售价就很便宜了，如果你认为吃鱼翅对身体好，那么吃鱼唇去吧。营养一样，鱼唇口感不如鱼翅，但较翅有咬头，爽爽脆脆。

鱼翅一煮，就会失去胶质，当今餐厅的做法多数是先将它蒸软，再用上汤煨。泰国人卖鱼翅，将一排排的排翅，围着一片竹箩绕圈铺着，放在橱窗里面；客人点了，再拿去煮，下的酱料之中有大量蚝油，把翅味都破坏了。

把最贵的食材鱼翅，和最便宜的鸡蛋一起干炒，叫桂花翅，是完美的组合。但如果师傅手艺高的话，用粉丝来代替鱼翅，也许有些人会觉得更美味。

yú zǐ jiàng   鱼子酱

欧美人认为天下最高贵的食物为鱼子酱、黑松露菌和鹅肝酱三种。

　　鱼子酱有那么好吃吗？很多人都只是慕名，试了认为不过尔尔，那是没吃到最好的。什么是最好的呢？

　　天下只有伊朗产的最好。制作鱼子酱需要把鲟鱼剖开，剥去膈膜，取出鱼子，即刻下盐腌制后入罐，过程不得超过 20 分钟。

　　腌制时过咸了就成废物，盐不够则会腐烂，当今世界上很少人懂得把握腌制时间和用盐的分量，你说是不是要卖得最贵呢？

　　伊朗鱼子酱分三种：用蓝色盒子盖装着的 Beluga、黄色盒的 Oscietra、红色盒的 Sevruga，由不同品种的鲟鱼制成。[1] 其中 Beluga 的粒子最大，细嚼起来，在口中一粒粒爆开，喷出又香又甜的味道。尝至此，才了解为什么欧美人会爱上它。

　　一般吃鱼子酱，都会连铁盖和玻璃罐上桌，分量极少。吃前几分钟才把罐子打开，小心翼翼地用一支羹匙舀起，羹匙还要用由鲍鱼壳雕出来的，才算及格。

　　将鱼子酱涂在一小块薄薄的烤面包上，附带的配料有煮熟的蛋白碎、洋葱碎，以及不加盐的牛油或酸忌廉[2]。

　　洋人一遇到海鲜就要挤点柠檬汁，对鱼子酱也不例外。这是一个错误的吃法，矜贵的伊朗鱼子酱，当然不想被酸性东西抢去味道，吃时不可用柠檬。

　　也有人吹捧黄色的，称它为黄金鱼子酱，其实它只是由 Oscietra 的变种鱼的鱼子制成的。鱼子粒小，又无弹性，当然不及 Beluga。

---

[1] Beluga 代表大白鲟鱼子酱，Oscietra 代表奥西特拉鲟鱼子酱，Sevruga 代表闪光鲟鱼子酱。——编者注

[2] 忌廉是一种统称，泛指奶油。据了解，忌廉这个称呼是由粤语音译英语而来的。——编者注

次等货不断在市面上出现，德国已有人工养殖的鲟鱼，劏出来的鱼子虽然味道有点接近，但软绵绵的口感不佳。

一些日本人更把鲤鱼和鳕鱼的鱼子拿去染成黑色，冒充鲟鱼鱼子酱出售。

最"笨"的是丹麦的鱼子酱，名副其实地用一种叫笨鱼（Lumpfish）的鱼子代替。

凡是珍贵的食物，一定要从最好的试起，不然别去吃它，否则会带给你很坏的印象，让你失去追求它们的欲念，切记切记。

yù shǔ shǔ　玉蜀黍

玉蜀黍[①]是哪一个国家先种的？没有资料记载。

中国香港人称之为"粟米"，把爆黍花叫作"爆谷"，直译自英文Popcorn，也蛮有趣。

嫩粟米通常直接煮来吃，往滚水中加把盐就是。煮的时间要看锅的大小、炉的火力和粟米的数量，不能一概而论。靠经验就是，煮半小时大致上不会错。

把粟米煮熟、剥粒，再加午餐肉丁或火腿块、芹菜、荷兰豆等，放

---

① 玉蜀黍俗称玉米，起源于美洲大陆。——编者注

点甜面酱来炒，也是一家老小喜欢的菜式。

我家爱用它来煲汤，一般人用猪腱，我们则喜猪肺捆，那是包在猪肺外的一层薄膜，有筋有肉，特别香，又有咬头，煮久不烂。从汤渣中捞起粟米食之，猪肺捆可切成细片，蘸中国台湾地区的西螺产的豉油膏来吃，最为美味。

粟米的须拿来煲汤，据说有药用，能清凉去湿，但喝汤时黏几条在喉咙中，不好受，多有效我也不去碰它。我觉得反而可以拿来微微一炸，加点糖，加些松子，是一道很上乘的小菜。

玉蜀黍榨出来的油，是烹调中最常使用的，但我不爱它无味，又不香。我还是喜欢猪油。

吃爆谷，我最讨厌五颜六色的，不知是用什么化学药物来染的，非常恐怖。包焦糖的最可口，也有一些黏着夏威夷果或腰果，更好吃。我不喜欢只用盐，爆得轻飘飘的那种，再怎么咬嚼也没满足感，吃得空虚。

早餐的炸粟米片也与我无缘，还是留给被广告洗脑的人去享受吧。

在墨西哥生活时，看见菜市场中总有一个档口卖粟米饼，用个土制的机器，一块块烘制出来，味道香得要命。吃时包着各种蔬菜和肉类，或者干吃也行。墨西哥东西便宜，买一架那种又简单又原始的机器，算上运费也不需要多少钱。买一架回来开档口当小贩，也是乐事之一。

我爱吃的还有最方便的罐头粟米，要写着 Cream Corn 的那种，里面加着奶油，非常可口，百食不厌。开一罐就直接当一餐，比吃方便面佳。

yù 芋

芋是根状物，有大有小，大起来有人头那么大；圆圆胖胖的，割下茎叶，就露个平头。

芋从前是乡下人的主要粮食，当今传到城市，做法已渐失传。客家人把它磨成鱼丸般的菜，叫作芋丸，已没多少人吃过。

在广东很流行的钵仔鹅，鹅肉下面一定铺着芋头片，芋头比鹅还香。其实烹调为次，芋头本身好坏就有天渊之别。最好的芋头吃起来口感如丝，细磨在舌头上香喷喷的；差的芋头不粉不沙，硬绷绷的吃起来像在嚼塑料。

香港地区能吃到的最好的芋头，是从广西运来的。至于好坏怎么选，单看外表很难识别，只有向相熟的小贩请教。

芋很粗生，世界各地皆有，菲律宾人尤其嗜食。我第一次吃到芋头雪糕，就是在马尼拉。洋人倒是少食之。

把芋做得出神入化的是潮州人，他们的芋泥闻名于世，百食不厌。

一般家庭很少做芋泥，一来是这种甜品太甜太腻，吃得不多；二来是人们以为做起来麻烦，很费工夫。

在大家的印象中，做芋泥时要将芋蒸熟，放在细孔的筲箕上碾压，将软绵的芋泥从箕孔中压出来，才大功告成。

其实不是这样的，要是喜欢吃的话，你我也可以在家中很轻松地做芋泥。

选上好芋头，将芋头横切，切成一块块圆圆的，再蒸半小时左右。

将芋头拿出来，很容易就能剥掉皮。把芋片放在砧板上，将那把长方形的菜刀横摆在芋片上，大力一压一搓，即成芋泥。

锅中下油，放芋泥下去翻炒。微火，不怕热的话用手搓之。加糖，再炒再搓，什么时候够熟，看芋头是否呈泥状就知道了。

上桌之前，爆香红葱头，放在芋泥上，吃时搅拌着，更香。但是要做出好的芋泥，有条不变的规律，那就是要用猪油。没有猪油，免谈。

yuán bèi 元贝

元贝，英文名为 Scallop，法文名为 Saint Jacque，日文名为帆立贝，形状如壳牌石油的标志，可长到手掌般大。看壳上有多少横纹，就知道长了多少岁。

打开壳，可见一个巨大的贝柱，就是它的闭壳筋，最宜食用。内脏得清除，贝边可以晒干当下酒菜食。

元贝最肥美的时候在于四五月，产卵之前，生吃非常鲜美，晒干了就成为江珧柱。

有些人会混淆，以为带子就是元贝，前者生在两片又扁又长的薄壳中，内脏多，柱肉少，也可晒干用来扮江珧柱，但非常坚硬，又不甜。元贝日文名读作 Hotate Gai，带子读作 Taira Gai，身价也不同。

日本产的元贝多数是养殖的，人们把贝卵放置在海底，让它自然生产，肉较甜。另一种方法是置于铁笼中垂直放入海里，长大拉上来收成，味较淡。前者已叫天然贝，后者才叫养殖贝。当今已将贝种运到中国，大量生产。本来可以压低售价，但一些无良的商人还是当成进口货，曾经卖得较贵。

选购元贝，先敲敲它的壳，即刻闭紧的当然生猛。都是开着壳的，只能用鼻子去闻，无臭味者则佳。由西方进口者多数是冰冻的，解冻后已不能再冻。选会发亮、内部不结霜的好了。除去内脏，拆开一边壳，就那么放在火上烤，等香气喷出即食。

将元贝放进滚水焓熟亦可，吃时把周围的边除去，看见带有粉红色的部分，是它的卵，可以照食。

洋人多数加面粉放进焗炉中烤，或者加很多忌廉酱，吃法变化不大。

日本人拿元贝当天妇罗的材料，有时也用醋浸之。

中国人的吃法变化多端，包括生炒或用蒜蓉及豉汁来蒸。当今很多宴会上已少不了元贝，但是多数餐厅以带子来充数。

新鲜的，还不如晒为江珧柱的那么珍贵。我们一味向日本购买或自己养殖，倒不如去欧洲收集，那里所产种类很多，有 Great Scallop、Queen Scallop、Atlantic Deep Sea Scallop、Bay Scallop 和 Iceland Scallop 等，请当地人晒干就变成江珧柱，就不必向日本人买贵货了。

zhà cài 榨菜

　　有许多蔬菜都不是中国土生土长的，尤其是加了一个番字或洋字的，像番茄和洋葱等。制作榨菜的青菜头，又名包包菜、疙瘩菜、猪脑壳菜和草腰子，是一正牌的中国菜。

　　榨菜产于四川，直到 20 世纪 80 年代才给了它一个正式确定的拉丁学名 Brassica Juncea Var.tnmida Tsen et Lee。最好的青菜头产区面积不是很大，在重庆市丰都县附近 200 公里的长江沿岸地带，所收获的青菜头肉质肥美嫩脆，又少筋。

　　是谁发明榨菜的呢？有人说是道光年间的邱正富，有人说是光绪年间的邱寿安，但我相信是籍籍无名的老百姓多年来的经验累积的成果，功劳并不独属于任何一个人。

　　把青菜头浸在盐水里，再放进压制豆腐的木箱中榨除盐水而成，故称之为榨菜。过程中加辣椒粉调制。

　　制作完成后将榨菜放进陶瓮中，可贮藏很久，可运送到全国，甚至南洋，远到欧美了。记得小时候看到的榨菜瓮塑着青龙，简直是艺术品；但商人看不起它，打破一洞，摆在店里招徕。

　　至今这个传统尚在，榨菜瓮口小，取榨菜都是把瓮打破的。不过当今的瓮已不优美，碎了也不可惜。

　　肉吃得多了，食欲减退时，最好吃的还有榨菜。早期民间的风流人士用榨菜来送茶，颇为时髦。其实榨菜也有解酒的作用，坐车晕船，慢慢咀嚼几片榨菜，烦闷缓和。

　　榨菜味鲜美，滚汤后会引出糖分，有天然味精之称。最普通的一道菜是榨菜肉丝汤，永远受欢迎。

更简单的有榨菜豆芽汤、榨菜西红柿汤和榨菜豆腐汤。煲青红萝卜汤时，加几片榨菜，会产生更错综复杂的滋味。

蒸鱼、蒸肉时，都可以铺一些榨菜丝提味。我包水饺的时候，把榨菜剁碎混入肉中，更有咬劲和刺激。

大陆的榨菜较咸，台湾的偏甜。用后者，切成细条，再发开四五颗大江珧柱。挤干水和榨菜丝一起爆香，炒一炒蒜头，加点糖。冷却后放入冰箱，久久不坏，想起就拿出来送粥，不然直接吃着送酒，一流。

zhī ma　芝麻

芝麻（Sesame）的原产地不详，有学者认为是印度或非洲，也有些人主张来自印度尼西亚。[①]

埃及和希腊出土的遗迹证实，在公元前 3000 年已有人种植芝麻来榨油。

芝麻植株有三尺多高，会开白色、桃色、紫色的钟形小花。果实为长筒状，内有四格，成熟后一爆开就喷出数百粒芝麻，撒到周围各地，小说《阿里巴巴和四十大盗》里的"芝麻开门"，大概由此情景得到灵感。

---

① 亦有人认为芝麻原产自中国云贵高原地区。——编者注

不管黑色、白色还是黄色的，芝麻的味道都相差不大。将芝麻轻轻炒熟，就有一阵很香的味道，榨出来的油亦有很强的个性，持久不坏。

当今学者已证实，芝麻有抗衰老的作用，引起女士们关注。到底什么吃法是有益的呢？生吃？炒熟？或压碎？研究的结果是炒熟后磨碎的最佳。

欧美人似乎对吃芝麻的兴趣不大，充其量只是撒在面包和蛋糕上吃，对于味道很浓的麻油，他们也不懂如何处理，甚少入馔。

到了中东可不同，糖果中芝麻占很重要的位置。地中海各国用芝麻的例子也多，有种芝麻糊叫作 Tahini，也是甜品 Halva 的主要材料。

印度人的饼中一定有芝麻，著名的印度芝麻甜品叫作 Til Chikki。

日本人用芝麻来做豆腐，是他们的精致料理中不可缺少的；有时又把菠菜灼熟，加点芝麻酱拌了当凉菜。他们磨芝麻的方法很特别，把芝麻放进一个中间有齿纹的陶钵中，再用一根木棍磨研；加了水的话，就成芝麻酱了。

中国人吃芝麻，虽然有芝麻糊等甜品，又在肠粉上撒芝麻，但还以吃榨出来的麻油居多。麻婆豆腐也要用麻油炒出来。因为对身体有益，孕妇可以适量食用麻油。台湾人尤其信奉，常吃麻油鸡；他们又用麻油来炒猪腰，做得最为出色，到了台湾不可不试。

一般人要是想吸收芝麻的好处，只要炒一炒，待香味喷出时就可以停止。待芝麻冷却，将它放进一个塑料手摇打磨器中，旋转几下，芝麻碎就磨成，撒于白饭或任何菜馔上皆宜。

zhī shì 芝士

在一个农场中，挤出新鲜的牛奶，放进一个瓶子，拼命摇它，最后倒出变稀的奶汁，剩下的是一块硬块，这就是奶酪，也是芝士最原始的形状。

喜欢或讨厌，没有中间路线。那股味道很香还是很臭，是你自己决定的；但我说的是，欣赏芝士是一个世界，你失去打开大门的机会，是件可惜的事。

吃芝士是可培养的。先从吃甜的芝士开始。欧洲人从来不肯将糖混入芝士，认为那是对食物的不敬；但大洋洲人没有文化包袱，把糖渍樱桃、葡萄干、果仁等加在芝士中，弄得像一块蛋糕，初次吃起来就不怕了。

从甜的吃起，渐渐进入吃最无异味的牛奶奶酪，愈吃愈觉得不错。到最后，没有最臭的羊乳芝士就不过瘾了。

你有没有试过瑞士人的做法？他们把芝士煎得微焦，吃起来比卑尔根腌肉还要香。他们的芝士火锅，最后把黏在锅底发焦的芝士铲出来吃，才是精华。

我们爱吃腐乳，洋人认为很臭，我们就笑他们。但是我们闻到芝士即刻掩鼻，他们也还不是笑我们？我们认为他们不爱吃腐乳是一个损失，他们何尝没有我们的想法？

芝士带来的欢乐是无穷的，研究起来也无尽。在外国任何一间干货店中都有上万的不同品种。在东方，我们可以到超级市场去，也有各类芝士让你一一品尝。

意大利的白色芝士像我们的豆腐，用麻婆的做法去烹调，或用咸鱼来煮，不亦乐乎？

在飞机上不吃东西的时候，取一块芝士，蘸蘸糖吃，没有什么不可以的。自己控制自己的生命和口味，不必管他人怎么想。

来一块味道极浓的斯提尔顿（Stilton）芝士吧！配水果吃也好，来杯钵酒，更加销魂。

吃烟熏的芝士像在吃肉。把帕马森芝士敲成碎块，也可以当成小食来佐酒。

芝士之王叫罗克福奶酪（Roquefort），产于法国，羊乳制成，放在潮湿的山洞里发酵，和青霉菌孢子接触后变蓝，天下美味，大胆吃吧！未试过的东西，没有资格说喜欢或不喜欢。

zī rán 孜然

孜然（Cumin），孜然芹属，也叫作马芹，是种米状的褐色种子，样子像茴香，有中小型茴香之称。但当今一提到孜然，人人都知道是什么香味，最常用在羊肉上。

绵羊比草羊膻得多，新疆人吃羊，几乎离不开孜然。将它磨成粉，撒在烤羊肉串上，是最平常的吃法。

新疆的手抓饭，无孜然是做不成的。将新鲜羊肉切成块，下油锅，和洋葱及红萝卜一块爆香，加盐加水，炆20分钟。再加上之前用水泡好的白米，炆40分钟，热锅加大量孜然粉，拌匀，做出来的手抓饭油亮晶莹，非常美味。名为手抓饭，用手抓来吃最佳。

烤全羊时，在羊的表皮上也要撒孜然粉。喜欢吃孜然的人常觉得味道不够，所以在新疆菜馆中吃饭时，桌上一定有一碟盐和一碟孜然粉。

在印度和中东等地，咖喱粉或辣椒粉中必加孜然。孜然也用来做酱料，可用孜然烤出来的面包蘸着吃。把肉剁碎后制成饼状的菜肴，以孜然除去腥味。欧洲人受到影响，德国人做香肠时也加入孜然。

有时，将整粒的孜然泡在酒里当醒胃酒。也可以制油精再兑入酒。

孜然是一年生或二年生草本植物，在地中海地区及埃塞俄比亚、伊朗，甚至俄罗斯也有种植。在中国则生长于新疆的库车、沙雅、喀什等地，但以和田的孜然最为著名。

药用上，孜然对治疗消化不良、胃寒、腹痛等，有一定功效。

荷兰人做芝士时，也加入孜然，西班牙海鲜饭也有孜然，不过已渐少人欣赏。西班牙语中有一句话叫"No me importa un comino"（不会当一粒孜然那么重要），意思是"我才不管那么多"。

zǐ cài 紫菜

终于可以讲紫菜了。

虽然日本人自称他们在绳文时代 ① 已经吃海苔，但公元 701 年定下

---

① 绳文时代是日本石器时代后期，公元前 12000 年至公元前 300 年。——编者注

的税制之中，有一项叫 Amanori 的，汉字就是"紫菜"而非"海苔"。后来日本人虽改称其为"海苔"，但相信也是用紫菜加工而成的。紫菜，应是中国传过去的。

原始的紫菜多长在岩石上面，刮下来直接吃也行。日本人在海苔中加糖腌制，不晒干，叫作"岩海苔"。岩海苔被装在一瓶瓶玻璃罐中，卖得很便宜，是送粥的好菜，各位不妨买来试试。

至于晒干的紫菜，潮州人最爱吃了，常用来做汤，加肉碎和酸梅，撒大量芫荽，很刺激胃口，又好喝又有碘质。

但是中国紫菜多含沙，非仔细清洗不可。我就一直不明白为什么不在制作过程中去沙，若是人工成本高昂，卖得贵一点不行吗？我们制造成圆形的紫菜，日本人则是做成长方形，方便用来卷饭嘛。最初是把海苔铺在凹进去的屋瓦底晒干，你看日本人屋顶上用的砖瓦，大小不就是一片片的紫菜吗？

本来最出名的紫菜是在东京附近的海滩采取，在浅草制造的，叫作浅草海苔。当今海水污染，又填海，浅草变为观光区。你去日本玩时看到商店里卖的大量海苔，都是韩国和中国产的。

加工海苔，放大量的酱油和味精，切成一口一片的，叫"味付海苔"（Ashitsuke Nori），小孩子最爱吃，但多吃无益，口渴得要死。

在日本高级的寿司店中，坐在柜台前，大厨会先献上一枚海苔的刺身，最为新鲜美味，颜色也有绿色和红色两种。

天然的海苔最为珍贵，以前卖得很便宜的东西现在不便宜。现在的海苔多数是养殖的，张张网，海苔便很容易生长，12月到翌年1月的寒冷期生长的海苔质量最优。

中国紫菜放久了也不发潮，日本海苔一接触到空气就发软。处理方法包括把它放在烤箱中烘一烘，但是最容易的还是放进洗干净的电饭煲中干烤。有些人还把一片片的海苔插进烤面包炉中焙之，此法不通，多数烧焦。

zǐ sū 紫苏

紫苏的英文名为 Perilla，法国名 Périlla de Nankin，意为来自南京的紫苏。对欧美人来说，紫苏是一种外国香料，在西洋料理中极少使用。

我们最常见的，是将紫苏晒干后，铺在蒸炉上来煮大闸蟹，可去湿去毒，药用成分多过味觉享受。

古时候没有防腐剂，一味用盐腌食物，但也有变坏的情形。老师傅传下的秘方，是保存食物时，上面铺一层舂碎的干紫苏，放久也不变味。

但是紫苏还是很好吃的，在珠江三角洲捕鱼的客家人，常以紫苏入馔。他们抓到生虾时，把中间的壳剥开，留下头尾，用大量的蒜头和紫苏去炒，加点糖和盐，不用其他调味品，已是一道极为鲜美的菜，味道独特。

以此类推，当我们吃厌了芫荽和葱，就可以用紫苏叶来代替，把它切碎，撒在汤上，或用来凉拌海蜇，都能产生变化。

把紫色的紫苏叶轻轻地裹一点点粉浆，放入冷温的油锅中炸一炸，即可上碟。不能炸太久，一久就焦。一片片半透明的叶子，用来点缀菜馔，非常漂亮。

韩国人爱吃紫苏，他们用来浸酱油和大蒜，加上几丝红辣椒，把叶子张开包白饭吃。也可用生紫苏包煮熟的五花腩片，加上面酱、大蒜、青辣椒、红辣椒酱，最后别忘记下几粒小生蚝，是非常美味的一道菜。

世界上吃紫苏吃得最多的国家就是日本，任何时间在菜市场中都可找到紫苏。日本人不但吃其叶，还吃穗、吃花。

在寿司店中，凡是用海苔、紫菜来包的食材，都可以用紫苏叶来代替。大厨给你一碟海胆，用筷子夹滑溜溜的不方便的话，就用紫苏叶来包好了。绿色的紫苏叶，有个别名叫大叶（Oba）。

点一客（一人份）刺身，日本人称之为"造"（Tsukuri）。摆在生鱼片旁边的，是一穗绿色的幼叶中穿插着粉红色的小花。如果你是老饕，就会用手指抓着花穗顶尖，再用筷子夹着它，轻轻地往下拉，粉红色的花就掉进碟中，浮在酱油上面，美到极点。要是你不在行，搞反了方向，那么任你怎么拉，也拉不下花来。

这是吃刺身的仪式之一，切记切记。

zūn yú　鳟鱼

鳟鱼（Trout），属于鲑鱼类，外国人认为在海里面的是三文，在溪流中的是鳟。其实鳟鱼也分降海类和非降海类的，前者和鲑鱼一样在溪涧产卵，长大后游入海，再回老家；后者一直留于淡水之中。

中菜很少用鳟鱼入馔，我对它还是由舒伯特的钢琴五重奏《鳟鱼》得知的，后来跟洋人在溪边钓鱼，抓到一尾色彩缤纷的，他们大叫"Rainbow Trout"，我才知道是鳟鱼。它的样子像小型的三文鱼，体侧有虹色带，非常漂亮。

虹鳟一降海，虹色带即消失，整条变成银白色，肉也没那么好吃了。

当今只在西餐店吃得到鳟鱼，厨师不会蒸，多数是煮或煎，又喜欢淋上柠檬汁或来一大团酸薯仔蓉配搭。无论多新鲜的鱼，弄得酸酸的，总好吃不到哪里去。

我们在外国工作时，买不到游水鱼[①]，勉强把鳟蒸了，发现鱼肉呈粉红色，味道有点怪，虽然新鲜，但总不及石斑。鳟鱼最美味的时候在于冬天，它产卵之前肚中有一层很厚的黄油，又有一团团的脂肪。吃鱼油和内脏，肉弃之。

另一种日本人称为 Amago 的鱼，英文名为 Red Spotted Masu Trout，就美味得多。它的特征在于有一点一点的红斑，用牛油来煎，没有一般鳟鱼的异味。当今的鳟鱼多为养殖，把雌鱼肚中的卵挤出来，放在一个大盘中，再灌大量的雄鱼精子进去，然后放回溪中去，在下游安个闸防止幼鱼逃掉。幼鱼生长得很快，半年后即可收成，大的盐烧，小的拿糖和酱油腌制成送粥的小食。

因为人们会选清澈的溪涧来养鳟鱼，故鳟鱼可当刺身来吃，但口感不佳，软软的没弹性，味道也十分平淡。

---

① 游水鱼指饲养在缸中，还活着的淡水鱼。——编者注

日本石川县有种叫作"骨酒"的，是把小条的鳟鱼烧了，放进烫热的清酒中泡，连骨头的味道也泡了出来，一点也不腥，颇为清甜可口。在溪边即钓、即烧、即烫、即饮，称之为"野趣"。